사물인터넷, 빅데이터 등 스마트 시대 대비!

정보처리능력 향상을 위한-

최고효과
기초탄탄 계산법

6권 | 자연수의 곱셈과 나눗셈 ②

기초부터 탄탄하게
기탄출판

계산력은 수학적 사고력을 기르기 위한 기초 과정이며,
스마트 시대에 정보처리능력을 기르기 위한 필수 요소입니다.

사칙 계산(+, −, ×, ÷)을 나타내는 기호와 여러 가지 수(자연수, 분수, 소수 등) 사이의 관계를 이해하여 빠르고 정확하게 답을 찾아내는 과정을 통해 아이들은 수학적 개념이 발달하기 시작하고 수학에 흥미를 느끼게 됩니다.

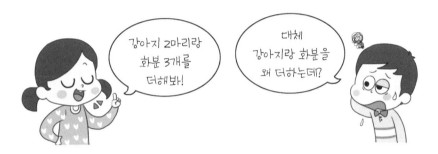

위에서 보여준 것과 같이 단순한 더하기라 할지라도 아무거나 더하는 것이 아니라 더하는 의미가 있는 것은, 동질성을 가진 것끼리, 단위가 같은 것끼리여야 하는 등의 논리적이고 합리적인 상황이 기본이 됩니다.

사칙 계산이 처음엔 자연수끼리의 계산으로 시작하기 때문에 큰 어려움이 없지만 수의 개념이 확장되어 분수, 소수까지 다루게 되면, 더하기를 하기 위해 표현 방법을 모두 분수로, 또는 모두 소수로 바꾸는 등, 자기도 모르게 수학적 사고의 과정을 밟아가며 계산을 하게 됩니다.

이런 단계의 계산들은 하위 단계인 자연수의 사칙 계산이 기초가 되지 않고서는 쉽지 않습니다.

계산력을 기르는 것이 이렇게 중요한데도 계산력을 기르는 방법에는 지름길이 없습니다.

❶ 매일 꾸준히
❷ 표준완성시간 내에
❸ 정확하게 푸는 것

을 연습하는 것만이 정답입니다.

집을 짓거나, 그림을 그리거나, 운동경기를 하거나, 그 밖의 어떤 일을 하더라도 좋은 결과를 위해서는 기초를 닦는 것이 중요합니다.

앞에서도 말했듯이 수학적 사고력에 있어서 가장 기초가 되는 것은 계산력입니다. 또한 계산력은 사물인터넷과 빅데이터가 활용되는 스마트 시대에 가장 필요한, 정보처리능력을 향상시킬 수 있는 기본 요소입니다. 매일 꾸준히, 표준완성시간 내에, 정확하게 푸는 것을 연습하여 기초가 탄탄한 미래의 소중한 주인공들로 성장하기를 바랍니다.

이 책의 특징과 구성

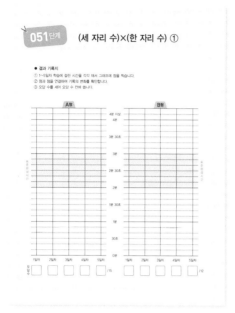

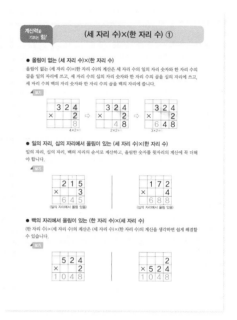

❖ 학습관리 | – 결과 기록지

매일 학습하는 데 걸린 시간을 표시하고 표준완성시간 내에 학습 완료를 하였는지, 틀린 문항 수는 몇 개인지, 또 아이의 기록에 어떤 변화가 있는지 확인할 수 있습니다.

❖ 계산 원리 짚어보기 | – 계산력을 기르는 힘

계산력도 원리를 익히고 연습하면 더 정확하고 빠르게 풀 수 있습니다. 제시된 원리를 이해하고 계산 방법을 익히면, 본 교재 학습을 쉽게 할 수 있는 힘이 됩니다.

❖ 본 학습

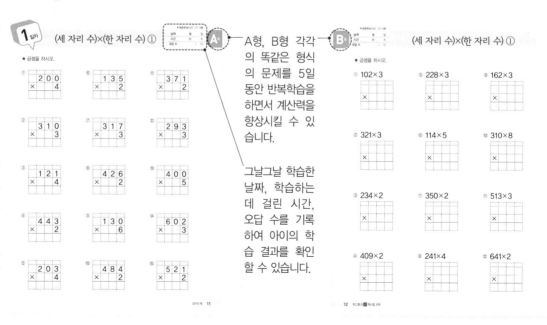

A형, B형 각각의 똑같은 형식의 문제를 5일 동안 반복학습을 하면서 계산력을 향상시킬 수 있습니다.

그날그날 학습한 날짜, 학습하는 데 걸린 시간, 오답 수를 기록하여 아이의 학습 결과를 확인할 수 있습니다.

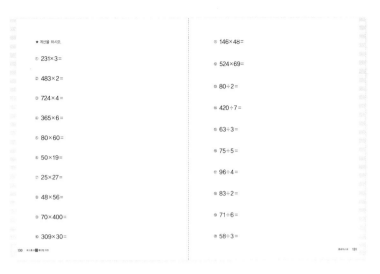

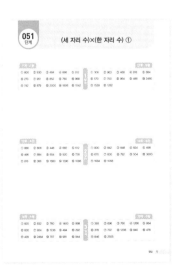

종료테스트

각 권이 끝날 때마다 종료테스트를 통해 학습한 것을 다시 한번 확인할 수 있습니다.
종료테스트의 정답을 확인하고 '학습능력평가표'를 작성합니다. 나온 평가의 결과대로 다음 교재로 바로 넘어갈지, 좀 더 복습이 필요한지 판단하여 계속해서 학습을 진행할 수 있습니다.

정답

단계별 정답 확인 후 지도포인트를 확인합니다. 이번 학습을 통해 어떤 부분의 문제해결력을 길렀는지, 또한 틀린 문제를 점검할 때 어떤 부분에 중점을 두고 확인해야 할지 알 수 있습니다.

최고효과 기초탄탄 계산법 전체 학습 내용

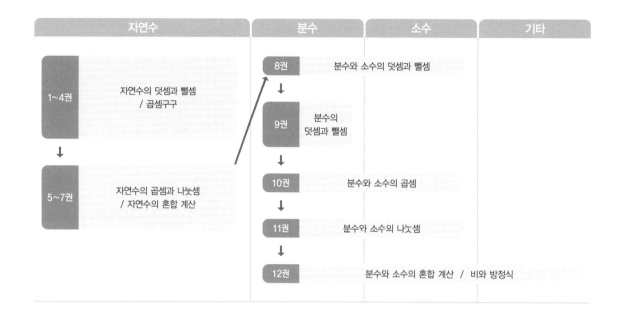

자연수	분수	소수	기타

1~4권
자연수의 덧셈과 뺄셈 / 곱셈구구

5~7권
자연수의 곱셈과 나눗셈 / 자연수의 혼합 계산

8권 분수와 소수의 덧셈과 뺄셈

9권 분수의 덧셈과 뺄셈

10권 분수와 소수의 곱셈

11권 분수와 소수의 나눗셈

12권 분수와 소수의 혼합 계산 / 비와 방정식

최고효과 기초탄탄 계산법 권별 학습 내용

1권 : 자연수의 덧셈과 뺄셈 ①

권장학년 초1	001단계	9까지의 수 모으기와 가르기
	002단계	합이 9까지인 덧셈
	003단계	차가 9까지인 뺄셈
	004단계	덧셈과 뺄셈의 관계 ①
	005단계	세 수의 덧셈과 뺄셈 ①
	006단계	(몇십)+(몇)
	007단계	(몇십 몇)±(몇)
	008단계	(몇십)±(몇십), (몇십 몇)±(몇십 몇)
	009단계	10의 모으기와 가르기
	010단계	10의 덧셈과 뺄셈

2권 : 자연수의 덧셈과 뺄셈 ②

011단계	세 수의 덧셈, 뺄셈
012단계	받아올림이 있는 (몇)+(몇)
013단계	받아내림이 있는 (십 몇)-(몇)
014단계	받아올림·받아내림이 있는 덧셈, 뺄셈 종합
015단계	(두 자리 수)+(한 자리 수)
016단계	(몇십)-(몇)
017단계	(두 자리 수)-(한 자리 수)
018단계	(두 자리 수)±(한 자리 수) ①
019단계	(두 자리 수)±(한 자리 수) ②
020단계	세 수의 덧셈과 뺄셈 ②

3권 : 자연수의 덧셈과 뺄셈 ③ / 곱셈구구

권장학년 초2	021단계	(두 자리 수)+(두 자리 수) ①
	022단계	(두 자리 수)+(두 자리 수) ②
	023단계	(두 자리 수)-(두 자리 수)
	024단계	(두 자리 수)±(두 자리 수)
	025단계	덧셈과 뺄셈의 관계 ②
	026단계	같은 수를 여러 번 더하기
	027단계	2, 5, 3, 4의 단 곱셈구구
	028단계	6, 7, 8, 9의 단 곱셈구구
	029단계	곱셈구구 종합 ①
	030단계	곱셈구구 종합 ②

4권 : 자연수의 덧셈과 뺄셈 ④

031단계	(세 자리 수)+(세 자리 수) ①
032단계	(세 자리 수)+(세 자리 수) ②
033단계	(세 자리 수)-(세 자리 수) ①
034단계	(세 자리 수)-(세 자리 수) ②
035단계	(세 자리 수)±(세 자리 수)
036단계	세 자리 수의 덧셈, 뺄셈 종합
037단계	세 수의 덧셈과 뺄셈 ③
038단계	(네 자리 수)+(세 자리 수·네 자리 수)
039단계	(네 자리 수)-(세 자리 수·네 자리 수)
040단계	네 자리 수의 덧셈, 뺄셈 종합

(세 자리 수)×(한 자리 수) ①

● 결과 기록지

① 1~5일차 학습에 걸린 시간을 각각 재서 그래프에 점을 찍습니다.

② 점과 점을 연결하여 기록의 변화를 확인합니다.

③ 오답 수를 세어 오답 수 칸에 씁니다.

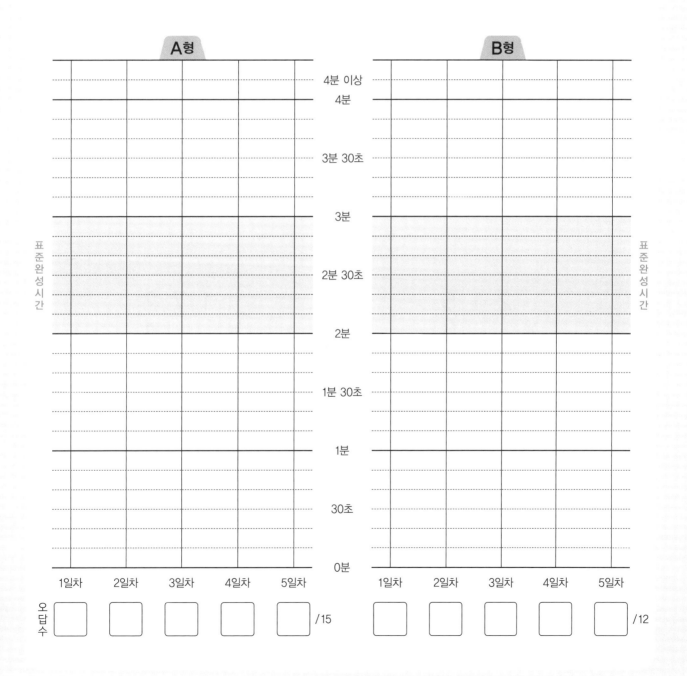

(세 자리 수)×(한 자리 수) ①

● 올림이 없는 (세 자리 수)×(한 자리 수)

올림이 없는 (세 자리 수)×(한 자리 수)의 계산은 세 자리 수의 일의 자리 숫자와 한 자리 수의 곱을 일의 자리에 쓰고, 세 자리 수의 십의 자리 숫자와 한 자리 수의 곱을 십의 자리에 쓰고, 세 자리 수의 백의 자리 숫자와 한 자리 수의 곱을 백의 자리에 씁니다.

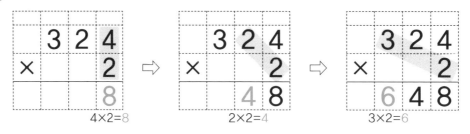

● 일의 자리, 십의 자리에서 올림이 있는 (세 자리 수)×(한 자리 수)

일의 자리, 십의 자리, 백의 자리의 순서로 계산하고, 올림한 숫자를 윗자리의 계산에 꼭 더해야 합니다.

● 백의 자리에서 올림이 있는 (한 자리 수)×(세 자리 수)

(한 자리 수)×(세 자리 수)의 계산은 (세 자리 수)×(한 자리 수)의 계산을 생각하면 쉽게 해결할 수 있습니다.

(세 자리 수)×(한 자리 수) ①

★ 곱셈을 하시오.

①
```
  2 0 0
×     4
  8 0 0
```

②
```
  3 1 0
×     3
```

③
```
  1 2 1
×     4
```

④
```
  4 4 3
×     2
```

⑤
```
  2 0 3
×     4
  8 1 2
```

⑥
```
  1 3 5
×     2
```

⑦
```
  3 1 7
×     3
```

⑧
```
  4 2 6
×     2
```

⑨
```
  1 3 0
×     6
  7 8 0
```

⑩
```
  4 8 4
×     2
```

⑪
```
  3 7 1
×     2
```

⑫
```
  2 9 3
×     3
```

⑬
```
  4 0 0
×     5
2 0 0 0
```

⑭
```
  6 0 2
×     3
```

⑮
```
  5 2 1
×     2
```

(세 자리 수)×(한 자리 수) ①

★ 곱셈을 하시오.

① 102×3

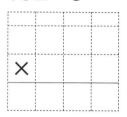

⑤ 228×3

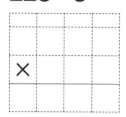

⑨ 162×3

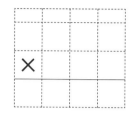

② 321×3

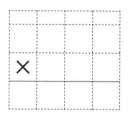

⑥ 114×5

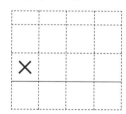

⑩ 310×8

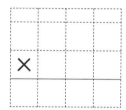

③ 234×2

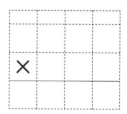

⑦ 350×2

⑪ 513×3

④ 409×2

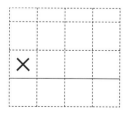

⑧ 241×4

⑫ 641×2

(세 자리 수)×(한 자리 수) ①

★ 곱셈을 하시오.

①
```
    2 2 0
  ×     4
```

②
```
    4 0 3
  ×     2
```

③
```
    1 1 2
  ×     4
```

④
```
    3 4 1
  ×     2
```

⑤
```
    3 0 6
  ×     2
```

⑥
```
    1 2 4
  ×     4
```

⑦
```
    4 4 7
  ×     2
```

⑧
```
    2 1 8
  ×     3
```

⑨
```
    4 6 0
  ×     2
```

⑩
```
    3 6 4
  ×     2
```

⑪
```
    2 7 2
  ×     3
```

⑫
```
    1 8 3
  ×     2
```

⑬
```
    2 1 0
  ×     8
```

⑭
```
    4 3 2
  ×     3
```

⑮
```
    5 4 3
  ×     2
```

★ 곱셈을 하시오.

① 300×3

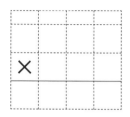

⑤ 249×2

⑨ 252×2

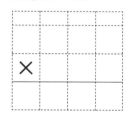

② 421×2

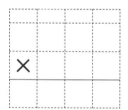

⑥ 335×2

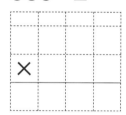

⑩ 600×6

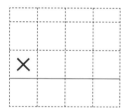

③ 212×4

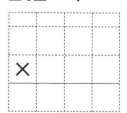

⑦ 150×4

⑪ 421×4

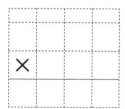

④ 103×8

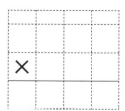

⑧ 391×2

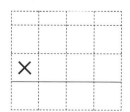

⑫ 534×2

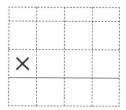

3일차 (세 자리 수)×(한 자리 수) ①

★ 곱셈을 하시오.

①
```
    4 1 0
  ×     2
```

②
```
    2 0 8
  ×     4
```

③
```
    3 8 0
  ×     2
```

④
```
    2 0 0
  ×     7
```

⑤
```
    3 3 3
  ×     3
```

⑥
```
    4 1 5
  ×     2
```

⑦
```
    2 3 1
  ×     4
```

⑧
```
    4 1 2
  ×     3
```

⑨
```
    2 4 2
  ×     2
```

⑩
```
    1 4 6
  ×     2
```

⑪
```
    1 4 3
  ×     3
```

⑫
```
    6 2 1
  ×     4
```

⑬
```
    1 0 1
  ×     7
```

⑭
```
    3 2 7
  ×     3
```

⑮
```
    4 7 2
  ×     2
```

(세 자리 수)×(한 자리 수) ①

★ 곱셈을 하시오.

① 131×3

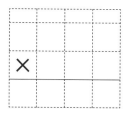

⑤ 432×2

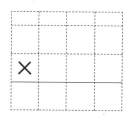

⑨ 210×4

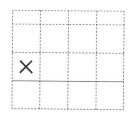

② 348×2

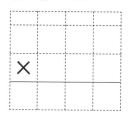

⑥ 126×3

⑩ 239×2

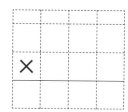

③ 190×4

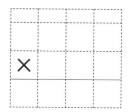

⑦ 361×2

⑪ 282×3

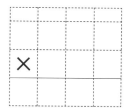

④ 633×2

⑧ 302×4

⑫ 511×5

★ 곱셈을 하시오.

①
```
    2 2 3
  ×     3
```

⑥
```
    2 1 4
  ×     4
```

⑪
```
    2 6 3
  ×     3
```

②
```
    4 2 8
  ×     2
```

⑦
```
    4 9 4
  ×     2
```

⑫
```
    5 0 2
  ×     4
```

③
```
    3 5 3
  ×     2
```

⑧
```
    6 1 4
  ×     2
```

⑬
```
    1 2 3
  ×     3
```

④
```
    4 3 1
  ×     3
```

⑨
```
    4 4 1
  ×     2
```

⑭
```
    3 3 9
  ×     2
```

⑤
```
    3 0 2
  ×     2
```

⑩
```
    1 1 2
  ×     7
```

⑮
```
    1 8 1
  ×     4
```

(세 자리 수)×(한 자리 수) ①

★ 곱셈을 하시오.

① 144×2

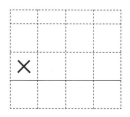

② 314×3

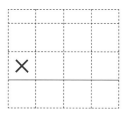

③ 451×2

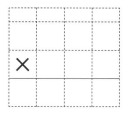

④ 500×9

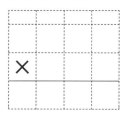

⑤ 323×3

⑥ 436×2

⑦ 160×5

⑧ 623×3

⑨ 412×2

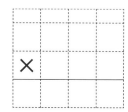

⑩ 107×6

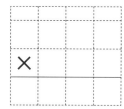

⑪ 284×2

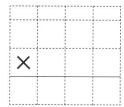

⑫ 321×4

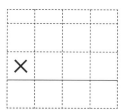

5일차

(세 자리 수)×(한 자리 수) ①

★ 곱셈을 하시오.

①
```
    3 0 7
  ×     3
```

②
```
    6 3 2
  ×     2
```

③
```
    2 6 2
  ×     3
```

④
```
    3 1 2
  ×     2
```

⑤
```
    1 1 9
  ×     4
```

⑥
```
    5 3 1
  ×     3
```

⑦
```
    1 1 1
  ×     5
```

⑧
```
    2 2 6
  ×     3
```

⑨
```
    1 4 2
  ×     4
```

⑩
```
    4 2 3
  ×     2
```

⑪
```
        2
  × 3 7 3
```

⑫
```
        4
  × 3 1 2
```

⑬
```
        3
  × 2 3 2
```

⑭
```
        2
  × 4 4 5
```

⑮
```
        5
  × 1 7 1
```

B형

날짜	월	일
시간	분	초
오답 수	/ 12

(세 자리 수)×(한 자리 수) ①

★ 곱셈을 하시오.

① 243×3

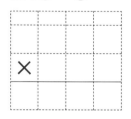

⑤ 328×2

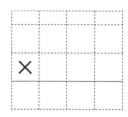

⑨ 6×201

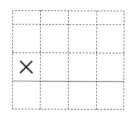

② 430×2

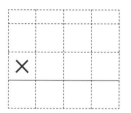

⑥ 613×3

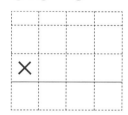

⑩ 2×137

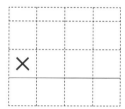

③ 223×4

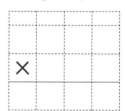

⑦ 152×4

⑪ 3×331

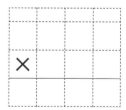

④ 422×3

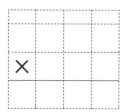

⑧ 243×2

⑫ 2×492

(세 자리 수)×(한 자리 수) ②

● 결과 기록지

① 1~5일차 학습에 걸린 시간을 각각 재서 그래프에 점을 찍습니다.

② 점과 점을 연결하여 기록의 변화를 확인합니다.

③ 오답 수를 세어 오답 수 칸에 씁니다.

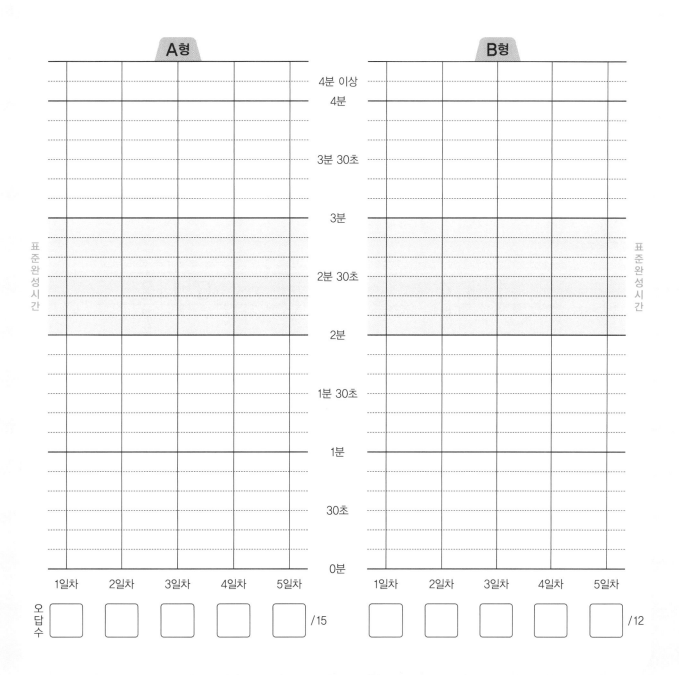

(세 자리 수)×(한 자리 수) ②

● 십, 백의 자리에서 올림이 있는 (세 자리 수)×(한 자리 수)

일의 자리, 십의 자리, 백의 자리의 순서로 계산하고, 올림한 숫자를 윗자리의 계산에 꼭 더해야 합니다.

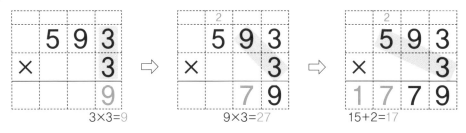

● 일, 십의 자리와 일, 백의 자리에서 올림이 있는 (세 자리 수)×(한 자리 수)

일의 자리, 십의 자리, 백의 자리의 순서로 계산하고, 올림한 숫자를 윗자리의 계산에 꼭 더해야 합니다.

(일, 십의 자리에서 올림 있음)

(일, 백의 자리에서 올림 있음)

● 올림이 세 번 있는 (한 자리 수)×(세 자리 수)

올림이 세 번 있는 (한 자리 수)×(세 자리 수)의 계산은 올림이 세 번 있는 (세 자리 수)×(한 자리 수)의 계산을 생각하면 쉽게 해결할 수 있습니다.

(세 자리 수)×(한 자리 수) ②

★ 곱셈을 하시오.

①
```
    1 2 4
×       5
    6 2 0
```

②
```
    2 8 5
×       3
```

③
```
    4 5 6
×       2
```

④
```
    1 7 8
×       4
```

⑤
```
    2 0 2
×       5
    1 0 1 0
```

⑥
```
    4 1 6
×       3
```

⑦
```
    7 3 8
×       2
```

⑧
```
    9 2 4
×       4
```

⑨
```
    1 9 0
×       6
    1 1 4 0
```

⑩
```
    7 8 1
×       2
```

⑪
```
    4 7 2
×       4
```

⑫
```
    5 6 3
×       3
```

⑬
```
    3 2 7
×       5
    1 6 3 5
```

⑭
```
    6 7 5
×       2
```

⑮
```
    8 1 3
×       8
```

★ 곱셈을 하시오.

① 367×2

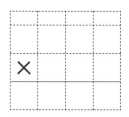

⑤ 813×6

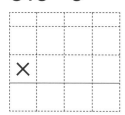

⑨ 952×3

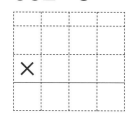

② 139×3

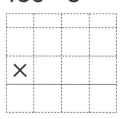

⑥ 649×2

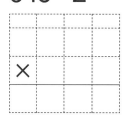

⑩ 286×4

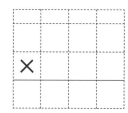

③ 243×4

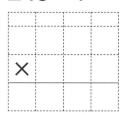

⑦ 340×5

⑪ 192×6

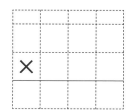

④ 505×4

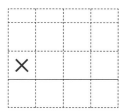

⑧ 231×7

⑫ 468×3

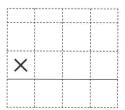

2일차

(세 자리 수)×(한 자리 수) ②

● 표준완성시간 : 2~3분

날짜	월	일
시간	분	초
오답 수	/ 15	

★ 곱셈을 하시오.

①
```
    3 9 6
  ×     2
```

②
```
    1 5 2
  ×     6
```

③
```
    1 6 4
  ×     3
```

④
```
    2 7 9
  ×     2
```

⑤
```
    3 0 8
  ×     6
```

⑥
```
    6 2 5
  ×     3
```

⑦
```
    5 4 6
  ×     2
```

⑧
```
    8 1 7
  ×     4
```

⑨
```
    7 4 3
  ×     3
```

⑩
```
    3 6 2
  ×     4
```

⑪
```
    5 4 1
  ×     5
```

⑫
```
    8 5 3
  ×     2
```

⑬
```
    5 4 7
  ×     3
```

⑭
```
    7 1 2
  ×     9
```

⑮
```
    4 2 8
  ×     4
```

(세 자리 수)×(한 자리 수) ②

★ 곱셈을 하시오.

① 485×2

⑤ 939×2

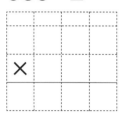

⑨ 181×8

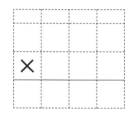

② 238×3

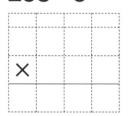

⑥ 424×4

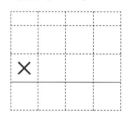

⑩ 869×2

③ 117×8

⑦ 690×3

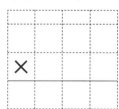

⑪ 234×7

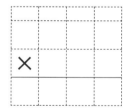

④ 213×5

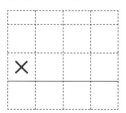

⑧ 972×4

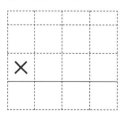

⑫ 965×5

일차

(세 자리 수)×(한 자리 수) ②

● 표준완성시간 : 2~3분

날짜	월	일
시간	분	초
오답 수	/ 15	

A형

★ 곱셈을 하시오.

①
$$\begin{array}{r} 298 \\ \times\ \ \ 3 \\ \hline \end{array}$$

②
$$\begin{array}{r} 536 \\ \times\ \ \ 2 \\ \hline \end{array}$$

③
$$\begin{array}{r} 480 \\ \times\ \ \ 4 \\ \hline \end{array}$$

④
$$\begin{array}{r} 534 \\ \times\ \ \ 3 \\ \hline \end{array}$$

⑤
$$\begin{array}{r} 142 \\ \times\ \ \ 7 \\ \hline \end{array}$$

⑥
$$\begin{array}{r} 847 \\ \times\ \ \ 2 \\ \hline \end{array}$$

⑦
$$\begin{array}{r} 121 \\ \times\ \ \ 9 \\ \hline \end{array}$$

⑧
$$\begin{array}{r} 127 \\ \times\ \ \ 8 \\ \hline \end{array}$$

⑨
$$\begin{array}{r} 357 \\ \times\ \ \ 2 \\ \hline \end{array}$$

⑩
$$\begin{array}{r} 728 \\ \times\ \ \ 3 \\ \hline \end{array}$$

⑪
$$\begin{array}{r} 873 \\ \times\ \ \ 3 \\ \hline \end{array}$$

⑫
$$\begin{array}{r} 399 \\ \times\ \ \ 6 \\ \hline \end{array}$$

⑬
$$\begin{array}{r} 186 \\ \times\ \ \ 2 \\ \hline \end{array}$$

⑭
$$\begin{array}{r} 315 \\ \times\ \ \ 4 \\ \hline \end{array}$$

⑮
$$\begin{array}{r} 654 \\ \times\ \ \ 2 \\ \hline \end{array}$$

(세 자리 수)×(한 자리 수) ②

★ 곱셈을 하시오.

① 375×2

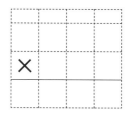

⑤ 269×3

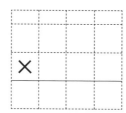

⑨ 123×6

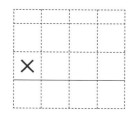

② 412×5

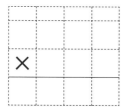

⑥ 903×8

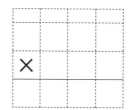

⑩ 635×2

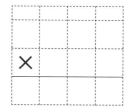

③ 292×4

⑦ 761×5

⑪ 943×3

④ 216×7

⑧ 785×2

⑫ 643×9

(세 자리 수)×(한 자리 수) ②

★ 곱셈을 하시오.

①
```
    1 9 5
  ×     4
```

②
```
    9 4 5
  ×     2
```

③
```
    4 5 3
  ×     3
```

④
```
    4 3 2
  ×     5
```

⑤
```
    2 5 8
  ×     2
```

⑥
```
    5 2 9
  ×     3
```

⑦
```
    6 8 2
  ×     4
```

⑧
```
    9 5 8
  ×     2
```

⑨
```
    1 3 6
  ×     5
```

⑩
```
    3 2 3
  ×     4
```

⑪
```
    8 6 4
  ×     2
```

⑫
```
    8 4 5
  ×     6
```

⑬
```
    3 8 7
  ×     2
```

⑭
```
    7 0 6
  ×     5
```

⑮
```
    5 3 1
  ×     8
```

★ 곱셈을 하시오.

① 159×3

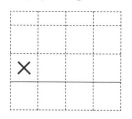

⑤ 497×2

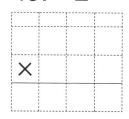

⑨ 228×4

② 637×2

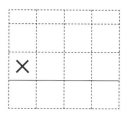

⑥ 214×6

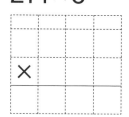

⑩ 826×3

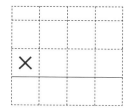

③ 270×6

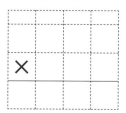

⑦ 732×4

⑪ 391×9

④ 374×4

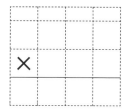

⑧ 143×7

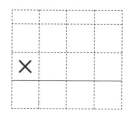

⑫ 597×2

(세 자리 수)×(한 자리 수) ②

★ 곱셈을 하시오.

①
```
    6 8 3
  ×     4
```

②
```
    8 3 6
  ×     2
```

③
```
    3 8 3
  ×     3
```

④
```
    1 6 2
  ×     6
```

⑤
```
    6 2 7
  ×     3
```

⑥
```
    9 2 1
  ×     7
```

⑦
```
    1 4 9
  ×     4
```

⑧
```
    9 1 8
  ×     3
```

⑨
```
    5 7 9
  ×     5
```

⑩
```
    7 5 2
  ×     4
```

⑪
```
        2
  × 4 7 7
```

⑫
```
        3
  × 4 6 2
```

⑬
```
        8
  × 2 7 6
```

⑭
```
        3
  × 2 9 4
```

⑮
```
        4
  × 4 2 3
```

(세 자리 수)×(한 자리 수) ②

★ 곱셈을 하시오.

① 519×5

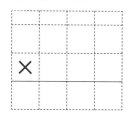

⑤ 893×3

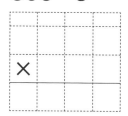

⑨ 2×748

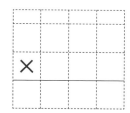

② 497×3

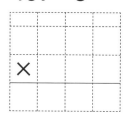

⑥ 368×2

⑩ 7×965

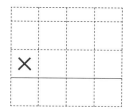

③ 237×4

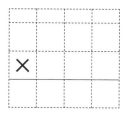

⑦ 754×6

⑪ 4×582

④ 674×2

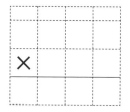

⑧ 925×3

⑫ 5×173

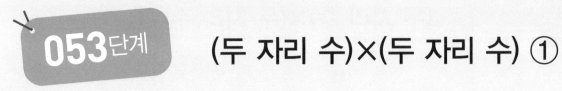

(두 자리 수)×(두 자리 수) ①

053단계

● **결과 기록지**

① 1~5일차 학습에 걸린 시간을 각각 재서 그래프에 점을 찍습니다.
② 점과 점을 연결하여 기록의 변화를 확인합니다.
③ 오답 수를 세어 오답 수 칸에 씁니다.

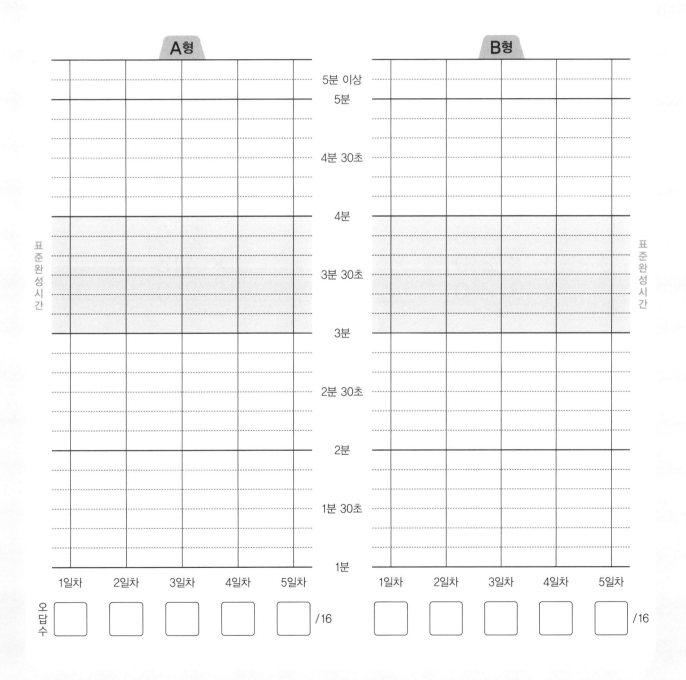

(두 자리 수)×(두 자리 수) ①

● 곱이 세 자리 수인 (몇십)×(몇십), (두 자리 수)×(몇십)

(몇십)×(몇십)은 (몇)×(몇)을 계산한 다음 그 값에 0을 2개 쓰고, (두 자리 수)×(몇십)은 (두 자리 수)×(몇)을 계산한 다음 그 값에 0을 1개 씁니다.

```
    1 0              1 8
×   9 0          ×   3 0
  9 0 0            5 4 0
  1×9=9             18×3=54
```

● 곱이 세 자리 수인 (몇십)×(두 자리 수)

(몇십)×(두 자리 수)의 계산은 (두 자리 수)×(몇십)의 계산을 생각하면 쉽게 해결할 수 있습니다.

```
    4 6              2 0
×   2 0          ×   4 6
  9 2 0            9 2 0
  46×2=92           2×46=92
```

● 곱이 세 자리 수인 (두 자리 수)×(두 자리 수)

(두 자리 수)×(두 자리 수)의 계산은 (두 자리 수)×(한 자리 수)와 (두 자리 수)×(몇십)을 각각 구한 뒤 더하고, 올림이 있을 때는 올림한 숫자를 잊지 않고 윗자리의 곱에 더합니다.

 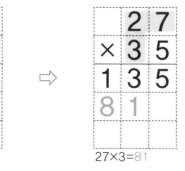

```
    2 7              2 7              2 7
×   3 5          ×   3 5          ×   3 5
  1 3 5            1 3 5            1 3 5
                    8 1              8 1
                                   9 4 5
  27×5=135          27×3=81         135+810=945
```

(두 자리 수)×(두 자리 수) ①

★ 곱셈을 하시오.

①
$$\begin{array}{r} 2\ 0 \\ \times\ 1\ 0 \\ \hline \end{array}$$

②
$$\begin{array}{r} 3\ 1 \\ \times\ 3\ 1 \\ \hline \end{array}$$

③
$$\begin{array}{r} 1\ 2 \\ \times\ 1\ 4 \\ \hline \end{array}$$

④
$$\begin{array}{r} 4\ 2 \\ \times\ 2\ 2 \\ \hline \end{array}$$

⑤
$$\begin{array}{r} 4\ 3 \\ \times\ 2\ 0 \\ \hline \end{array}$$

⑥
$$\begin{array}{r} 2\ 5 \\ \times\ 1\ 6 \\ \hline \end{array}$$

⑦
$$\begin{array}{r} 2\ 4 \\ \times\ 2\ 1 \\ \hline \end{array}$$

⑧
$$\begin{array}{r} 3\ 2 \\ \times\ 1\ 3 \\ \hline \end{array}$$

⑨
$$\begin{array}{r} 1\ 6 \\ \times\ 4\ 0 \\ \hline \end{array}$$

⑩
$$\begin{array}{r} 1\ 5 \\ \times\ 1\ 5 \\ \hline \end{array}$$

⑪
$$\begin{array}{r} 1\ 9 \\ \times\ 2\ 4 \\ \hline \end{array}$$

⑫
$$\begin{array}{r} 5\ 1 \\ \times\ 1\ 8 \\ \hline \end{array}$$

⑬
$$\begin{array}{r} 3\ 0 \\ \times\ 2\ 2 \\ \hline \end{array}$$

⑭
$$\begin{array}{r} 4\ 3 \\ \times\ 1\ 2 \\ \hline \end{array}$$

⑮
$$\begin{array}{r} 2\ 7 \\ \times\ 3\ 2 \\ \hline \end{array}$$

⑯
$$\begin{array}{r} 3\ 6 \\ \times\ 2\ 7 \\ \hline \end{array}$$

(두 자리 수)×(두 자리 수) ①

★ 곱셈을 하시오.

① 30×20

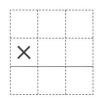

⑤ 21×40

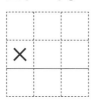

⑨ 15×60

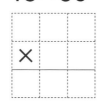

⑬ 20×32

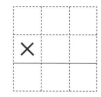

② 10×70

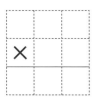

⑥ 33×30

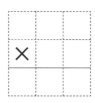

⑩ 27×20

⑭ 50×14

③ 64×11

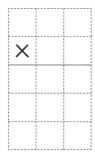

⑦ 23×32

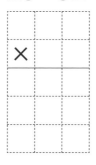

⑪ 15×41

⑮ 57×14

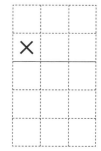

④ 12×23

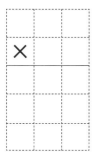

⑧ 21×12

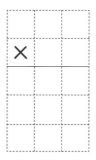

⑫ 13×74

⑯ 38×25

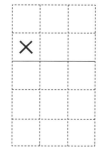

(두 자리 수)×(두 자리 수) ①

★ 곱셈을 하시오.

①
```
    1 0
×   4 0
```

②
```
    1 3
×   3 1
```

③
```
    4 1
×   2 1
```

④
```
    1 2
×   4 2
```

⑤
```
    1 2
×   3 0
```

⑥
```
    2 1
×   2 1
```

⑦
```
    3 3
×   2 2
```

⑧
```
    2 3
×   1 3
```

⑨
```
    3 8
×   2 0
```

⑩
```
    7 1
×   1 4
```

⑪
```
    2 4
×   3 5
```

⑫
```
    1 2
×   8 1
```

⑬
```
    4 0
×   2 2
```

⑭
```
    3 6
×   1 7
```

⑮
```
    1 9
×   5 2
```

⑯
```
    4 6
×   1 6
```

(두 자리 수)×(두 자리 수) ①

★ 곱셈을 하시오.

① 10×30

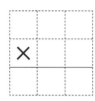

② 40×20

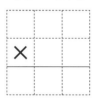

③ 21×34

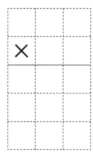

④ 11×78

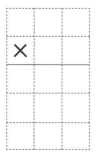

⑤ 54×10

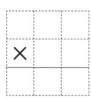

⑥ 11×70

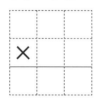

⑦ 33×12

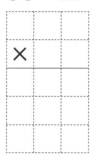

⑧ 22×23

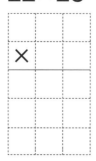

⑨ 19×20

⑩ 25×30

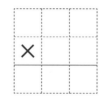

⑪ 16×62

⑫ 54×17

⑬ 30×31

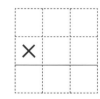

⑭ 40×18

⑮ 23×43

⑯ 82×12

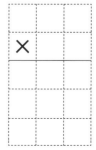

3일차

(두 자리 수)×(두 자리 수) ①

● 표준완성시간 : 3~4분

날짜	월	일
시간	분	초
오답 수	/ 16	

A형

★ 곱셈을 하시오.

①
```
    2 0
×   3 0
```

②
```
    2 2
×   3 1
```

③
```
    6 8
×   1 3
```

④
```
    3 2
×   2 4
```

⑤
```
    2 4
×   2 0
```

⑥
```
    4 1
×   1 2
```

⑦
```
    1 9
×   1 8
```

⑧
```
    1 4
×   6 3
```

⑨
```
    1 8
×   5 0
```

⑩
```
    2 3
×   2 3
```

⑪
```
    3 4
×   2 9
```

⑫
```
    2 1
×   4 6
```

⑬
```
    1 0
×   6 9
```

⑭
```
    1 1
×   5 6
```

⑮
```
    2 7
×   1 5
```

⑯
```
    1 7
×   3 9
```

(두 자리 수)×(두 자리 수) ①

★ 곱셈을 하시오.

① 60×10

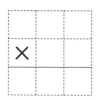

② 20×20

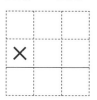

③ 12×32

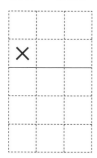

④ 34×16

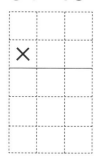

⑤ 12×40

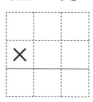

⑥ 31×20

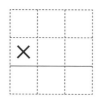

⑦ 14×21

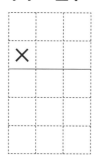

⑧ 28×35

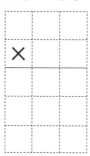

⑨ 26×30

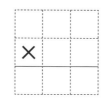

⑩ 14×60

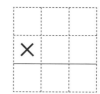

⑪ 22×13

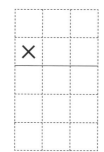

⑫ 27×26

⑬ 20×41

⑭ 30×17

⑮ 43×21

⑯ 18×48

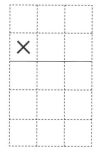

(두 자리 수)×(두 자리 수) ①

★ 곱셈을 하시오.

①
$$\begin{array}{r} 1\ 0 \\ \times\ 8\ 0 \\ \hline \end{array}$$

⑤
$$\begin{array}{r} 1\ 1 \\ \times\ 9\ 0 \\ \hline \end{array}$$

⑨
$$\begin{array}{r} 1\ 6 \\ \times\ 5\ 0 \\ \hline \end{array}$$

⑬
$$\begin{array}{r} 2\ 0 \\ \times\ 2\ 5 \\ \hline \end{array}$$

②
$$\begin{array}{r} 1\ 3 \\ \times\ 1\ 2 \\ \hline \end{array}$$

⑥
$$\begin{array}{r} 3\ 1 \\ \times\ 2\ 3 \\ \hline \end{array}$$

⑩
$$\begin{array}{r} 2\ 2 \\ \times\ 4\ 1 \\ \hline \end{array}$$

⑭
$$\begin{array}{r} 4\ 4 \\ \times\ 1\ 2 \\ \hline \end{array}$$

③
$$\begin{array}{r} 4\ 7 \\ \times\ 2\ 1 \\ \hline \end{array}$$

⑦
$$\begin{array}{r} 2\ 6 \\ \times\ 1\ 4 \\ \hline \end{array}$$

⑪
$$\begin{array}{r} 2\ 3 \\ \times\ 3\ 6 \\ \hline \end{array}$$

⑮
$$\begin{array}{r} 1\ 7 \\ \times\ 4\ 3 \\ \hline \end{array}$$

④
$$\begin{array}{r} 1\ 8 \\ \times\ 2\ 5 \\ \hline \end{array}$$

⑧
$$\begin{array}{r} 5\ 8 \\ \times\ 1\ 6 \\ \hline \end{array}$$

⑫
$$\begin{array}{r} 1\ 5 \\ \times\ 6\ 5 \\ \hline \end{array}$$

⑯
$$\begin{array}{r} 2\ 9 \\ \times\ 2\ 8 \\ \hline \end{array}$$

B형

(두 자리 수)×(두 자리 수) ①

★ 곱셈을 하시오.

① 30×30

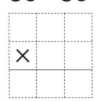

⑤ 42×20

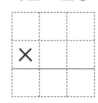

⑨ 23×40

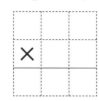

⑬ 80×12

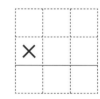

② 50×10

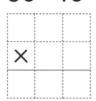

⑥ 14×30

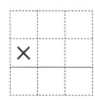

⑩ 36×20

⑭ 60×13

③ 26×22

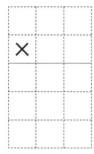

⑦ 28×19

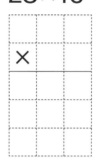

⑪ 12×76

⑮ 63×13

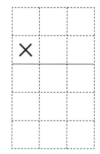

④ 14×58

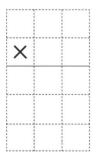

⑧ 37×15

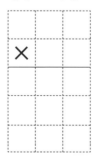

⑫ 25×34

⑯ 39×24

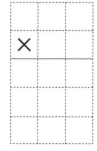

(두 자리 수)×(두 자리 수) ①

★ 곱셈을 하시오.

①
```
    9 0
×   1 0
```

②
```
    2 9
×   1 8
```

③
```
    1 2
×   2 4
```

④
```
    2 6
×   3 7
```

⑤
```
    1 6
×   2 0
```

⑥
```
    2 3
×   3 3
```

⑦
```
    1 6
×   3 5
```

⑧
```
    5 3
×   1 5
```

⑨
```
    2 8
×   3 0
```

⑩
```
    1 8
×   1 7
```

⑪
```
    3 4
×   1 2
```

⑫
```
    2 5
×   2 9
```

⑬
```
    7 0
×   1 4
```

⑭
```
    7 6
×   1 3
```

⑮
```
    2 4
×   1 7
```

⑯
```
    1 1
×   8 9
```

★ 곱셈을 하시오.

① 10×60

⑤ 32×30

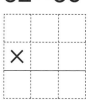

⑨ 13×50

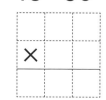

⑬ 20×23

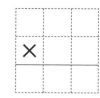

② 20×40

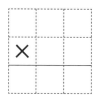

⑥ 47×20

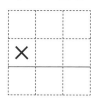

⑩ 24×40

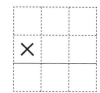

⑭ 60×16

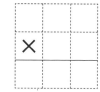

③ 38×13

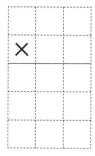

⑦ 22×45

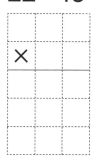

⑪ 49×15

⑮ 35×26

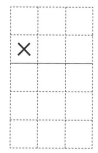

④ 29×31

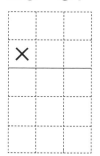

⑧ 14×18

⑫ 28×24

⑯ 12×67

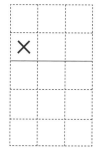

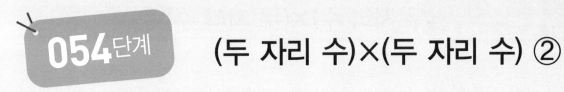

(두 자리 수)×(두 자리 수) ②

054단계

● **결과 기록지**

① 1~5일차 학습에 걸린 시간을 각각 재서 그래프에 점을 찍습니다.
② 점과 점을 연결하여 기록의 변화를 확인합니다.
③ 오답 수를 세어 오답 수 칸에 씁니다.

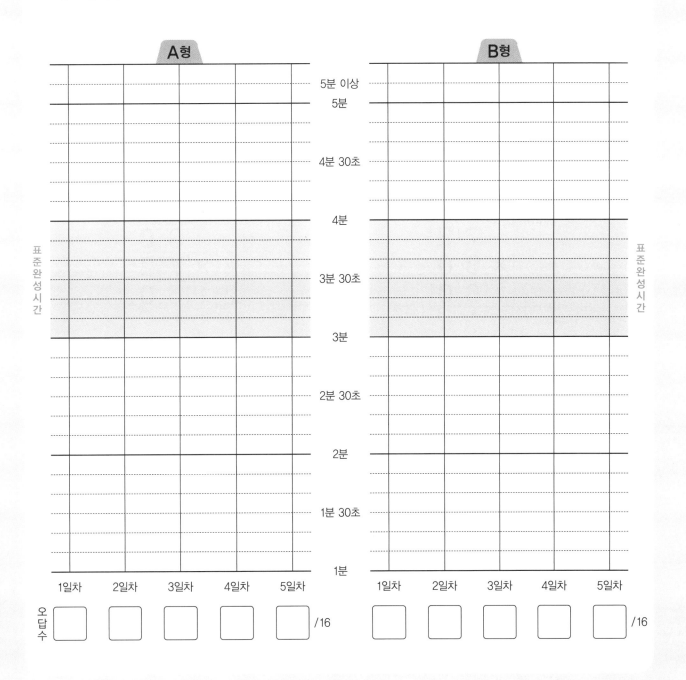

● 곱이 네 자리 수인 (몇십)×(몇십), (두 자리 수)×(몇십)

(몇십)×(몇십)은 (몇)×(몇)을 계산한 다음 그 값에 0을 2개 쓰고, (두 자리 수)×(몇십)은 (두 자리 수)×(몇)을 계산한 다음 그 값에 0을 1개 씁니다.

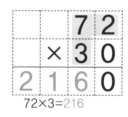

● 곱이 네 자리 수인 (몇십)×(두 자리 수)

(몇십)×(두 자리 수)의 계산은 (두 자리 수)×(몇십)의 계산을 생각하면 쉽게 해결할 수 있습니다.

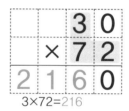

● 곱이 네 자리 수인 (두 자리 수)×(두 자리 수)

(두 자리 수)×(두 자리 수)의 계산은 (두 자리 수)×(한 자리 수)와 (두 자리 수)×(몇십)을 각각 구한 뒤 더하고, 올림이 있을 때는 올림한 숫자를 잊지 않고 윗자리의 곱에 더합니다.

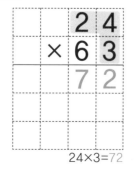 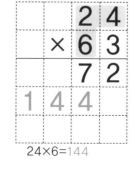 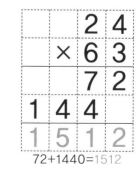

(두 자리 수)×(두 자리 수) ②

★ 곱셈을 하시오.

①
```
      2 0
  ×   5 0
```

②
```
      8 4
  ×   1 2
```

③
```
      4 5
  ×   2 3
```

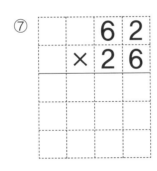

④
```
      3 9
  ×   3 1
```

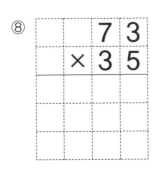

⑤
```
      6 4
  ×   2 0
```

⑥
```
      5 6
  ×   1 8
```

⑦
```
      6 2
  ×   2 6
```

⑧
```
      7 3
  ×   3 5
```

⑨
```
      1 6
  ×   7 0
```

⑩
```
      9 1
  ×   1 4
```

⑪
```
      3 8
  ×   2 7
```

⑫
```
      4 7
  ×   3 9
```

⑬
```
      4 0
  ×   4 6
```

⑭
```
      6 7
  ×   1 5
```

⑮
```
      7 4
  ×   2 4
```

⑯
```
      5 6
  ×   3 2
```

(두 자리 수)×(두 자리 수) ②

★ 곱셈을 하시오.

① 80×40
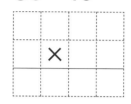

⑤ 41×30
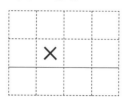

⑨ 53×90
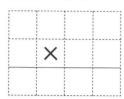

⑬ 60×18
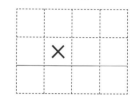

② 50×70
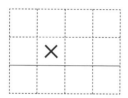

⑥ 75×80
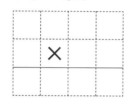

⑩ 23×50

⑭ 70×78
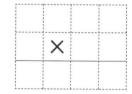

③ 73×17
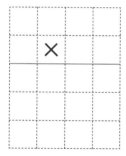

⑦ 69×16
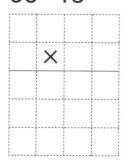

⑪ 83×13
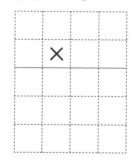

⑮ 68×19
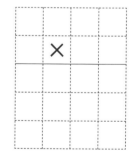

④ 51×29
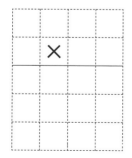

⑧ 96×21
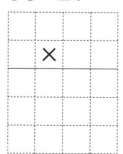

⑫ 47×25
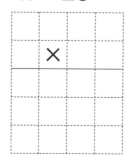

⑯ 72×28
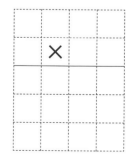

(두 자리 수)×(두 자리 수) ②

★ 곱셈을 하시오.

①
```
    9 0
  × 3 0
```

⑤
```
    3 7
  × 6 0
```

⑨
```
    5 8
  × 3 0
```

⑬
```
    8 0
  × 1 3
```

②
```
    6 3
  × 1 6
```

⑥
```
    2 9
  × 4 1
```

⑩
```
    7 2
  × 1 9
```

⑭
```
    3 8
  × 4 5
```

③
```
    8 2
  × 2 2
```

⑦
```
    1 7
  × 5 9
```

⑪
```
    9 3
  × 2 8
```

⑮
```
    2 5
  × 5 6
```

④
```
    5 4
  × 3 7
```

⑧
```
    3 1
  × 6 3
```

⑫
```
    4 4
  × 3 3
```

⑯
```
    1 8
  × 6 4
```

(두 자리 수)×(두 자리 수) ②

★ 곱셈을 하시오.

① 40×50
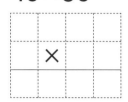

⑤ 19×60

⑨ 68×90

⑬ 40×81
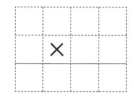

② 60×60

⑥ 42×70

⑩ 97×20
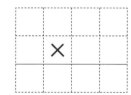

⑭ 50×39

③ 78×14
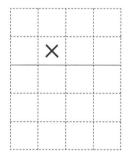

⑦ 86×35

⑪ 95×11
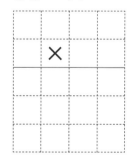

⑮ 62×32
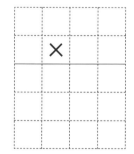

④ 64×23
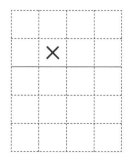

⑧ 49×42
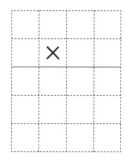

⑫ 46×26
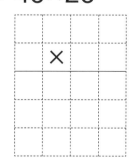

⑯ 37×49
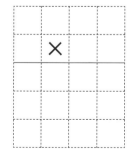

3일차 (두 자리 수)×(두 자리 수) ②

★ 곱셈을 하시오.

①
```
    7 0
  × 4 0
```

⑤
```
    1 4
  × 9 0
```

⑨
```
    7 6
  × 2 0
```

⑬
```
    3 0
  × 6 5
```

②
```
    8 2
  × 1 5
```

⑥
```
    3 2
  × 4 7
```

⑩
```
    3 4
  × 7 8
```

⑭
```
    2 9
  × 3 6
```

③
```
    5 8
  × 2 6
```

⑦
```
    2 7
  × 5 3
```

⑪
```
    1 6
  × 8 9
```

⑮
```
    3 3
  × 5 7
```

④
```
    6 5
  × 3 4
```

⑧
```
    4 1
  × 6 1
```

⑫
```
    2 3
  × 9 2
```

⑯
```
    4 5
  × 7 3
```

★ 곱셈을 하시오.

① 30×60

② 70×80

③ 63×24

④ 38×38

⑤ 29×40

⑥ 51×60

⑦ 21×49

⑧ 52×53

⑨ 36×80

⑩ 94×50

⑪ 18×65

⑫ 25×76

⑬ 90×25

⑭ 70×56

⑮ 44×87

⑯ 36×92

4일차 (두 자리 수)×(두 자리 수) ②

★ 곱셈을 하시오.

①
```
    4 0
×   6 0
```

⑤
```
    8 2
×   3 0
```

⑨
```
    1 7
×   8 0
```

⑬
```
    2 0
×   9 3
```

②
```
    1 3
×   7 7
```

⑥
```
    2 8
×   4 3
```

⑩
```
    7 4
×   3 1
```

⑭
```
    3 4
×   4 2
```

③
```
    8 1
×   2 4
```

⑦
```
    5 7
×   1 9
```

⑪
```
    2 5
×   8 5
```

⑮
```
    5 1
×   5 8
```

④
```
    3 6
×   6 4
```

⑧
```
    2 2
×   6 6
```

⑫
```
    9 9
×   1 2
```

⑯
```
    4 8
×   8 7
```

(두 자리 수)×(두 자리 수) ②

★ 곱셈을 하시오.

① 90×50
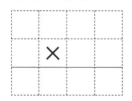

⑤ 48×50

⑨ 92×80
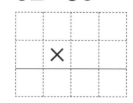

⑬ 20×59
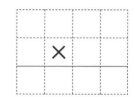

② 30×80

⑥ 85×60
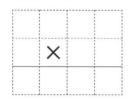

⑩ 35×40
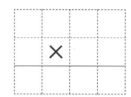

⑭ 90×72
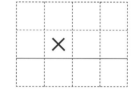

③ 75×16
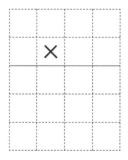

⑦ 94×32
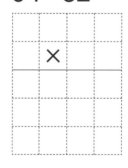

⑪ 28×53
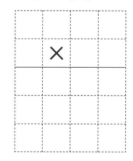

⑮ 15×76
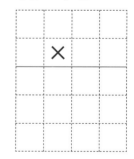

④ 21×55
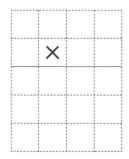

⑧ 47×46
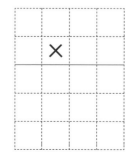

⑫ 67×34
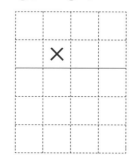

⑯ 88×43
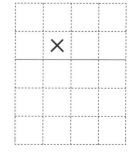

(두 자리 수)×(두 자리 수) ②

★ 곱셈을 하시오.

①
$$\begin{array}{r} 2\,0 \\ \times\ 8\,0 \\ \hline \end{array}$$

⑤
$$\begin{array}{r} 6\,1 \\ \times\ 5\,0 \\ \hline \end{array}$$

⑨
$$\begin{array}{r} 7\,3 \\ \times\ 4\,0 \\ \hline \end{array}$$

⑬
$$\begin{array}{r} 3\,0 \\ \times\ 3\,4 \\ \hline \end{array}$$

②
$$\begin{array}{r} 4\,2 \\ \times\ 4\,8 \\ \hline \end{array}$$

⑥
$$\begin{array}{r} 1\,7 \\ \times\ 6\,2 \\ \hline \end{array}$$

⑩
$$\begin{array}{r} 5\,9 \\ \times\ 3\,5 \\ \hline \end{array}$$

⑭
$$\begin{array}{r} 6\,8 \\ \times\ 9\,6 \\ \hline \end{array}$$

③
$$\begin{array}{r} 2\,7 \\ \times\ 7\,5 \\ \hline \end{array}$$

⑦
$$\begin{array}{r} 5\,4 \\ \times\ 2\,4 \\ \hline \end{array}$$

⑪
$$\begin{array}{r} 9\,3 \\ \times\ 4\,9 \\ \hline \end{array}$$

⑮
$$\begin{array}{r} 7\,1 \\ \times\ 7\,9 \\ \hline \end{array}$$

④
$$\begin{array}{r} 8\,6 \\ \times\ 1\,9 \\ \hline \end{array}$$

⑧
$$\begin{array}{r} 7\,3 \\ \times\ 6\,4 \\ \hline \end{array}$$

⑫
$$\begin{array}{r} 2\,3 \\ \times\ 5\,7 \\ \hline \end{array}$$

⑯
$$\begin{array}{r} 9\,7 \\ \times\ 8\,3 \\ \hline \end{array}$$

(두 자리 수)×(두 자리 수) ②

★ 곱셈을 하시오.

① 60×70

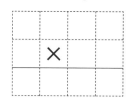

⑤ 88×20

⑨ 26×90

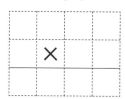

⑬ 60×44

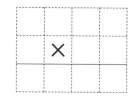

② 50×50

⑥ 69×70

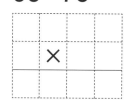

⑩ 96×40

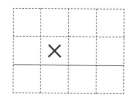

⑭ 80×27

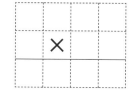

③ 67×72

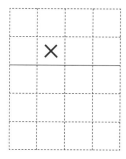

⑦ 95×26

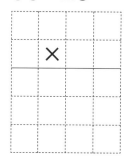

⑪ 79×37

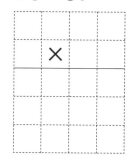

⑮ 85×88

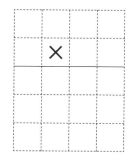

④ 58×45

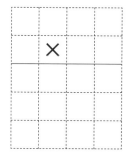

⑧ 36×94

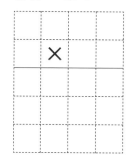

⑫ 91×53

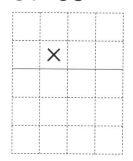

⑯ 43×69

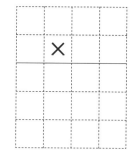

(세 자리 수)×(두 자리 수) ①

● **결과 기록지**

① 1~5일차 학습에 걸린 시간을 각각 재서 그래프에 점을 찍습니다.

② 점과 점을 연결하여 기록의 변화를 확인합니다.

③ 오답 수를 세어 오답 수 칸에 씁니다.

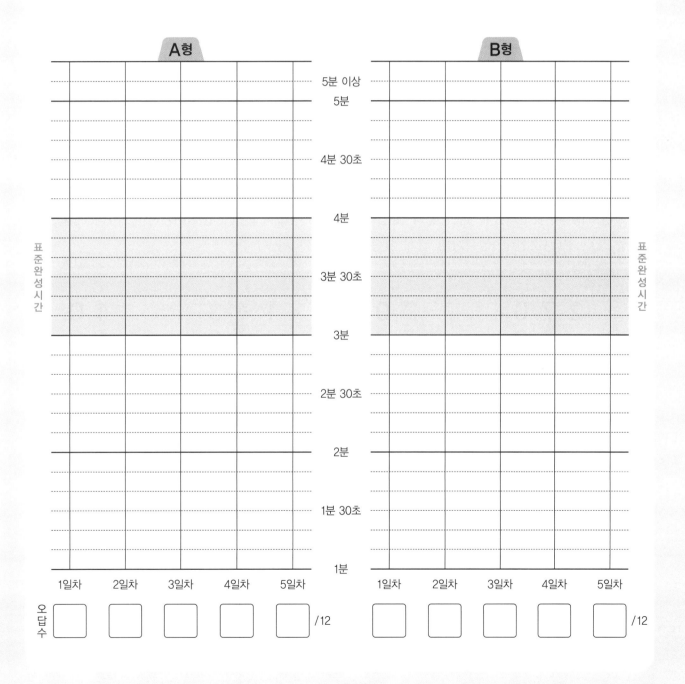

● 곱이 네 자리 수인 (몇백)×(몇십), (몇백 몇십)×(몇십), (세 자리 수)×(몇십), (몇백)×(두 자리 수)

(몇백)×(몇십)은 (몇)×(몇)을 계산한 다음 그 값에 0을 3개 쓰고, (몇백 몇십)×(몇십)은 백의 자리 숫자와 십의 자리 숫자로 이루어진 (두 자리 수)×(몇)을 계산한 다음 그 값에 0을 2개 쓰고, (세 자리 수)×(몇십)은 (세 자리 수)×(몇)을 계산한 다음 그 값에 0을 1개 쓰고, (몇백)×(두 자리 수)는 (몇)×(두 자리 수)에 0을 2개 씁니다.

1×7=7

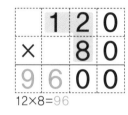
12×8=96

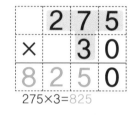
275×3=825

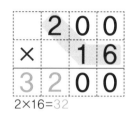
2×16=32

● 곱이 네 자리 수인 (몇십)×(몇백 몇십), (몇십)×(세 자리 수)

(몇십)×(몇백 몇십)의 계산은 (몇백 몇십)×(몇십)을 생각하고, (몇십)×(세 자리 수)의 계산은 (세 자리 수)×(몇십)을 생각하면 쉽게 해결할 수 있습니다.

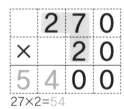
27×2=54

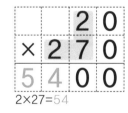
2×27=54

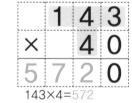
143×4=572
4×143=572

● 곱이 네 자리 수인 (세 자리 수)×(두 자리 수)

(세 자리 수)×(두 자리 수)의 계산은 (세 자리 수)×(한 자리 수)와 (세 자리 수)×(몇십)을 각각 구한 뒤 더하고, 올림이 있을 때는 올림한 숫자를 잊지 않고 윗자리의 곱에 더합니다.

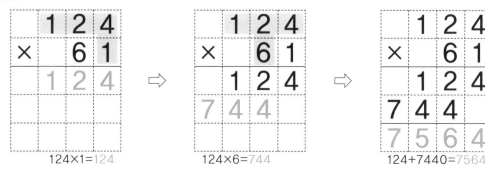
124×1=124   124×6=744   124+7440=7564

(세 자리 수)×(두 자리 수) ①

★ 곱셈을 하시오.

①
```
    1 0 0
  ×   4 0
```

②
```
    4 1 0
  ×   1 3
```

③
```
    3 0 7
  ×   2 4
```

④
```
    2 4 1
  ×   3 2
```

⑤
```
    3 2 0
  ×   2 0
```

⑥
```
    1 2 5
  ×   1 6
```

⑦
```
    2 6 3
  ×   2 5
```

⑧
```
    1 9 6
  ×   3 4
```

⑨
```
    2 0 8
  ×   3 0
```

⑩
```
    5 3 4
  ×   1 8
```

⑪
```
    1 7 9
  ×   2 7
```

⑫
```
    3 1 8
  ×   3 1
```

(세 자리 수)×(두 자리 수) ①

★ 곱셈을 하시오.

① 200×30

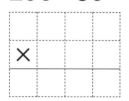

② 90×100

③ 241×17

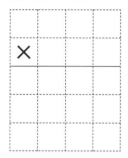

④ 152×23

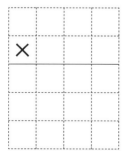

⑤ 130×50

⑥ 30×210

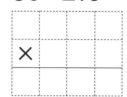

⑦ 398×14

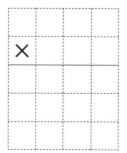

⑧ 345×21

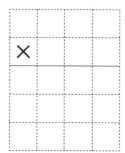

⑨ 214×40

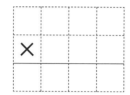

⑩ 20×143

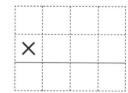

⑪ 162×19

⑫ 290×28

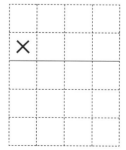

★ 곱셈을 하시오.

①
```
    3 0 0
×     2 0
```

②
```
    3 5 6
×     1 5
```

③
```
    4 3 1
×     2 2
```

④
```
    1 8 0
×     3 9
```

⑤
```
    1 5 0
×     4 0
```

⑥
```
    2 1 3
×     4 6
```

⑦
```
    5 6 2
×     1 2
```

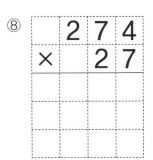

⑧
```
    2 7 4
×     2 7
```

⑨
```
    2 3 6
×     3 0
```

⑩
```
    1 0 9
×     3 3
```

⑪
```
    2 2 8
×     4 1
```

⑫
```
    1 4 5
×     5 4
```

★ 곱셈을 하시오.

① 800×10

② 20×200

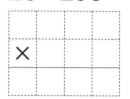

③ 173×13

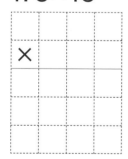

④ 219×26

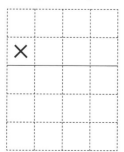

⑤ 190×30

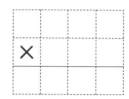

⑥ 20×260

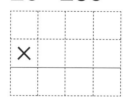

⑦ 224×35

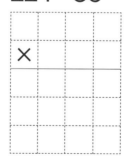

⑧ 405×18

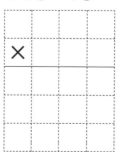

⑨ 179×20

⑩ 40×248

⑪ 324×29

⑫ 162×37

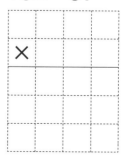

★ 곱셈을 하시오.

①
```
    2 0 0
  ×   4 0
```

②
```
    3 8 7
  ×   1 6
```

③
```
    2 8 8
  ×   2 3
```

④
```
    2 3 5
  ×   3 8
```

⑤
```
    2 4 0
  ×   3 0
```

⑥
```
    1 5 0
  ×   4 9
```

⑦
```
    1 7 9
  ×   5 1
```

⑧
```
    1 2 1
  ×   6 7
```

⑨
```
    3 1 7
  ×   2 0
```

⑩
```
    1 2 4
  ×   7 2
```

⑪
```
    1 1 6
  ×   8 5
```

⑫
```
    1 0 3
  ×   9 4
```

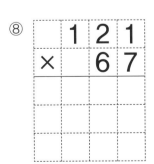

(세 자리 수)×(두 자리 수) ①

★ 곱셈을 하시오.

① 300×30

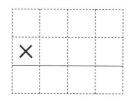

② 20×400

③ 159×11

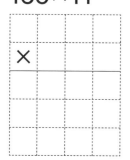

④ 236×28

⑤ 480×20

⑥ 40×170

⑦ 273×36

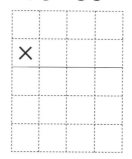

⑧ 162×43

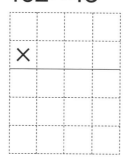

⑨ 119×80

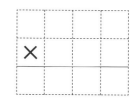

⑩ 30×325

⑪ 114×57

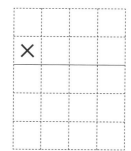

⑫ 108×62

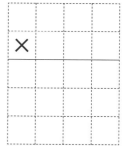

(세 자리 수)×(두 자리 수) ①

★ 곱셈을 하시오.

①
```
    3 0 0
  ×   1 2
```

⑤
```
    1 2 0
  ×   5 0
```

⑨
```
    2 3 6
  ×   4 0
```

②
```
    2 5 7
  ×   3 1
```

⑥
```
    1 0 8
  ×   9 2
```

⑩
```
    3 4 5
  ×   2 7
```

③
```
    1 2 0
  ×   8 3
```

⑦
```
    1 3 6
  ×   4 5
```

⑪
```
    1 6 2
  ×   5 9
```

④
```
    1 5 3
  ×   6 4
```

⑧
```
    2 7 4
  ×   1 8
```

⑫
```
    1 1 9
  ×   7 6
```

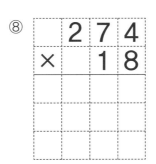

(세 자리 수)×(두 자리 수) ①

★ 곱셈을 하시오.

① 400×15

⑤ 140×70

⑨ 327×30
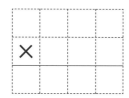

② 26×200

⑥ 20×250
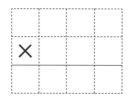

⑩ 50×193
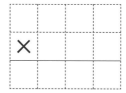

③ 126×53
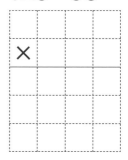

⑦ 184×36
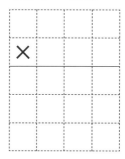

⑪ 219×42
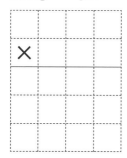

④ 292×17
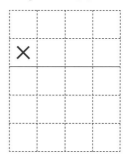

⑧ 147×65
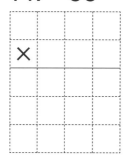

⑫ 353×28
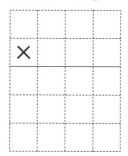

(세 자리 수)×(두 자리 수) ①

★ 곱셈을 하시오.

①
```
    2 0 0
  ×   4 3
```

②
```
    1 2 0
  ×   7 9
```

③
```
    6 4 8
  ×   1 5
```

④
```
    2 1 1
  ×   3 7
```

⑤
```
    1 5 0
  ×   3 0
```

⑥
```
    4 2 7
  ×   2 1
```

⑦
```
    1 3 9
  ×   6 3
```

⑧
```
    1 0 2
  ×   9 8
```

⑨
```
    2 3 8
  ×   2 0
```

⑩
```
    1 1 3
  ×   8 6
```

⑪
```
    2 2 4
  ×   4 4
```

⑫
```
    1 8 3
  ×   5 2
```

(세 자리 수)×(두 자리 수) ①

★ 곱셈을 하시오.

① 300×28

⑤ 230×40

⑨ 175×30

② 39×200

⑥ 60×160

⑩ 20×467

③ 253×38

⑦ 539×14

⑪ 157×56

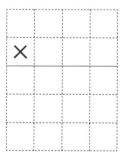

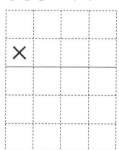

④ 132×73

⑧ 195×47

⑫ 216×29

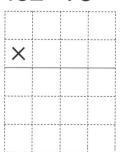

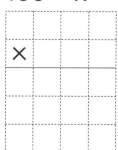

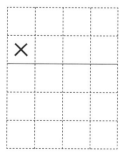

(세 자리 수)×(두 자리 수) ②

● 결과 기록지

① 1~5일차 학습에 걸린 시간을 각각 재서 그래프에 점을 찍습니다.

② 점과 점을 연결하여 기록의 변화를 확인합니다.

③ 오답 수를 세어 오답 수 칸에 씁니다.

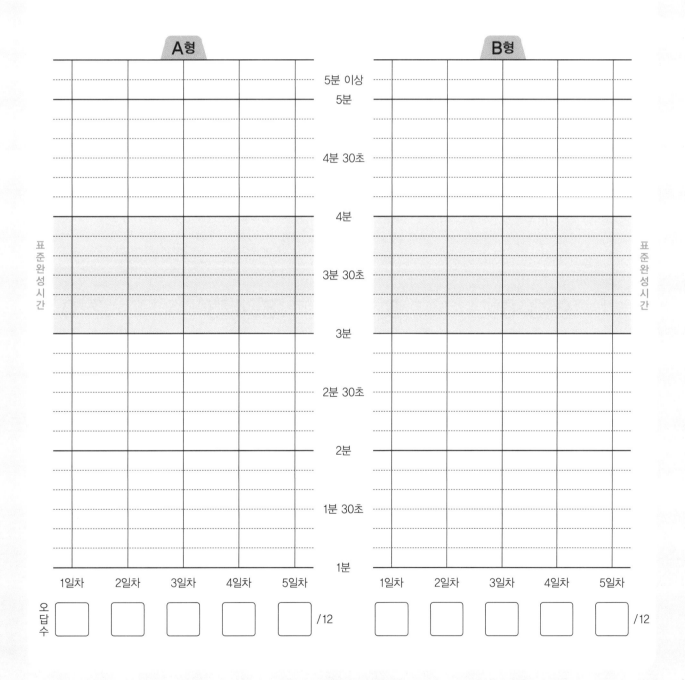

(세 자리 수)×(두 자리 수) ②

● 곱이 다섯 자리 수인 (몇백)×(몇십), (몇백 몇십)×(몇십), (세 자리 수)×(몇십), (몇백)×(두 자리 수)

(몇백)×(몇십)은 (몇)×(몇)을 계산한 다음 그 값에 0을 3개 쓰고, (몇백 몇십)×(몇십)은 백의 자리 숫자와 십의 자리 숫자로 이루어진 (두 자리 수)×(몇)을 계산한 다음 그 값에 0을 2개 쓰고, (세 자리 수)×(몇십)은 (세 자리 수)×(몇)을 계산한 다음 그 값에 0을 1개 쓰고, (몇백)×(두 자리 수)는 (몇)×(두 자리 수)에 0을 2개 씁니다.

		8	0	0
	×		3	0
2	4	0	0	0

8×3=24

		5	6	0
	×		2	0
1	1	2	0	0

56×2=112

		3	7	2
	×		4	0
1	4	8	8	0

372×4=1488

		7	0	0
	×		6	3
4	4	1	0	0

7×63=441

● 곱이 다섯 자리 수인 (몇십)×(몇백 몇십), (몇십)×(세 자리 수)

(몇십)×(몇백 몇십)의 계산은 (몇백 몇십)×(몇십)을 생각하고, (몇십)×(세 자리 수)의 계산은 (세 자리 수)×(몇십)을 생각하면 쉽게 해결할 수 있습니다.

		9	3	0
	×		5	0
4	6	5	0	0

93×5=465

			5	0
	×	9	3	0
4	6	5	0	0

5×93=465

		8	4	3
	×		2	0
1	6	8	6	0

843×2=1686

			2	0
	×	8	4	3
1	6	8	6	0

2×843=1686

● 곱이 다섯 자리 수인 (세 자리 수)×(두 자리 수)

(세 자리 수)×(두 자리 수)의 계산은 (세 자리 수)×(한 자리 수)와 (세 자리 수)×(몇십)을 각각 구한 뒤 더하고, 올림이 있을 때는 올림한 숫자를 잊지 않고 윗자리의 곱에 더합니다.

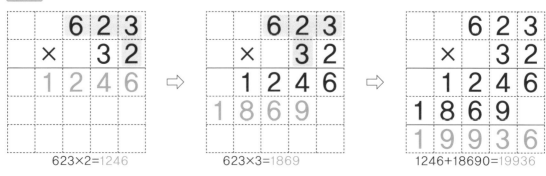

623×2=1246   623×3=1869   1246+18690=19936

(세 자리 수)×(두 자리 수) ②

★ 곱셈을 하시오.

①
```
    2 0 0
  ×   6 0
```

②
```
    8 4 2
  ×   1 5
```

③
```
    4 5 0
  ×   2 6
```

④
```
    7 1 5
  ×   3 1
```

⑤
```
    4 7 0
  ×   4 0
```

⑥
```
    9 6 4
  ×   1 2
```

⑦
```
    7 2 3
  ×   2 7
```

⑧
```
    2 9 7
  ×   3 4
```

⑨
```
    7 0 8
  ×   9 0
```

⑩
```
    5 3 6
  ×   1 9
```

⑪
```
    6 8 1
  ×   2 3
```

⑫
```
    3 0 9
  ×   3 8
```

(세 자리 수)×(두 자리 수) ②

★ 곱셈을 하시오.

① 500×30

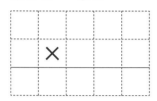

⑤ 360×50

⑨ 142×80

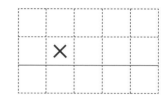

② 70×800

⑥ 20×610

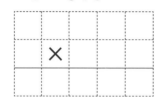

⑩ 60×453

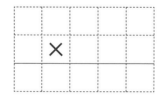

③ 987×11

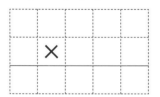

⑦ 639×16

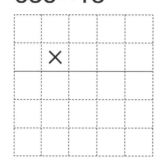

⑪ 804×13

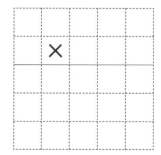

④ 716×25

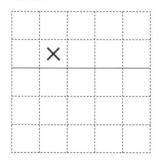

⑧ 458×24

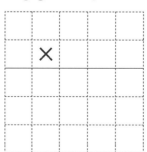

⑫ 542×28

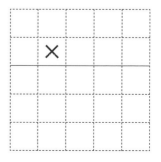

(세 자리 수)×(두 자리 수) ②

★ 곱셈을 하시오.

①
```
    6 0 0
  ×   9 0
```

②
```
    9 1 3
  ×   1 4
```

③
```
    5 0 9
  ×   2 1
```

④
```
    8 2 4
  ×   3 5
```

⑤
```
    5 2 0
  ×   3 0
```

⑥
```
    2 5 8
  ×   4 3
```

⑦
```
    7 8 6
  ×   1 8
```

⑧
```
    3 4 7
  ×   2 9
```

⑨
```
    2 8 4
  ×   7 0
```

⑩
```
    4 6 5
  ×   3 7
```

⑪
```
    6 9 2
  ×   4 6
```

⑫
```
    5 7 0
  ×   5 2
```

(세 자리 수)×(두 자리 수) ②

★ 곱셈을 하시오.

① 700×20

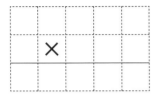

⑤ 190×80

⑨ 319×40

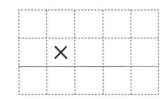

② 50×400

⑥ 70×840

⑩ 60×625

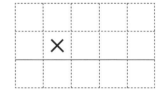

③ 651×17

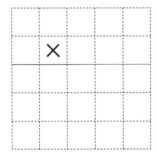

⑦ 342×36

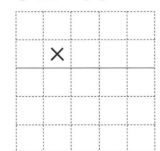

⑪ 869×22

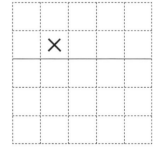

④ 534×24

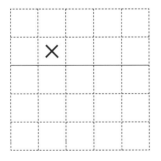

⑧ 728×15

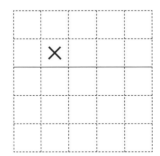

⑫ 480×39

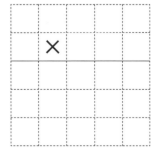

3일차

(세 자리 수)×(두 자리 수) ②

★ 곱셈을 하시오.

①
```
      3 0 0
  ×     4 0
```

②
```
      7 9 3
  ×     1 7
```

③
```
      9 2 1
  ×     2 8
```

④
```
      4 3 7
  ×     3 5
```

⑤
```
      2 3 0
  ×     9 0
```

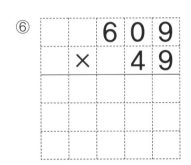
⑥
```
      6 0 9
  ×     4 9
```

⑦
```
      8 4 6
  ×     5 3
```

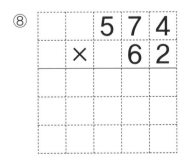
⑧
```
      5 7 4
  ×     6 2
```

⑨
```
      5 9 1
  ×     5 0
```

⑩
```
      3 1 5
  ×     7 1
```

⑪
```
      1 5 8
  ×     8 6
```

⑫
```
      2 6 0
  ×     9 4
```

B형

(세 자리 수)×(두 자리 수) ②

★ 곱셈을 하시오.

① 900×80

⑤ 750×20

⑨ 167×70

② 60×600

⑥ 40×980

⑩ 30×436

③ 674×18

⑦ 582×32

⑪ 806×59

④ 395×27

⑧ 268×45

⑫ 453×64

4일차 (세 자리 수)×(두 자리 수) ②

★ 곱셈을 하시오.

①
```
    6 0 0
  ×   2 3
```

⑤
```
    3 7 0
  ×   6 0
```

⑨
```
    8 3 4
  ×   4 0
```

②
```
    3 8 1
  ×   4 7
```

⑥
```
    1 6 4
  ×   7 5
```

⑩
```
    7 9 0
  ×   1 6
```

③
```
    2 0 8
  ×   9 2
```

⑦
```
    8 7 6
  ×   2 4
```

⑪
```
    4 2 7
  ×   6 3
```

④
```
    6 5 3
  ×   3 9
```

⑧
```
    9 1 5
  ×   5 8
```

⑫
```
    5 4 9
  ×   8 1
```

(세 자리 수)×(두 자리 수) ②

★ 곱셈을 하시오.

① 900×41

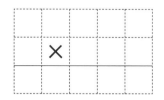

⑤ 590×70

⑨ 786×20

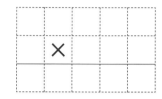

② 56×300

⑥ 30×450

⑩ 80×275

③ 436×29

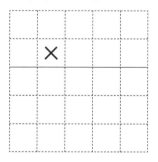

⑦ 740×48

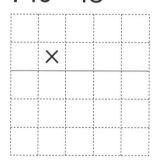

⑪ 627×33

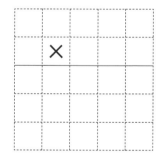

④ 565×67

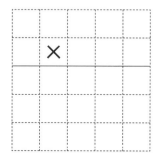

⑧ 872×14

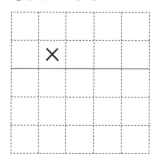

⑫ 293×56

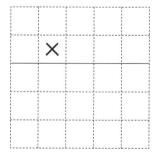

(세 자리 수)×(두 자리 수) ②

★ 곱셈을 하시오.

①
```
    4 0 0
  ×   7 2
```

②
```
    6 7 4
  ×   2 5
```

③
```
    7 9 0
  ×   6 1
```

④
```
    3 2 9
  ×   4 2
```

⑤
```
    2 6 0
  ×   8 0
```

⑥
```
    1 8 6
  ×   5 4
```

⑦
```
    8 6 5
  ×   1 9
```

⑧
```
    5 3 7
  ×   8 3
```

⑨
```
    5 4 8
  ×   3 0
```

⑩
```
    2 0 8
  ×   7 6
```

⑪
```
    4 5 2
  ×   9 8
```

⑫
```
    9 4 1
  ×   3 7
```

(세 자리 수)×(두 자리 수) ②

★ 곱셈을 하시오.

① 500×65

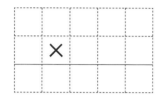

⑤ 680×50

⑨ 193×90

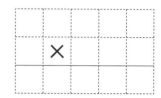

② 34×800

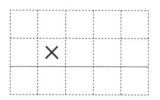

⑥ 60×730

⑩ 20×957

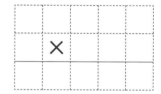

③ 466×55

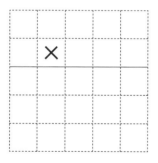

⑦ 654×78

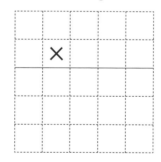

⑪ 283×87

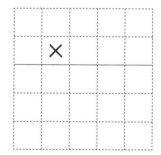

④ 349×93

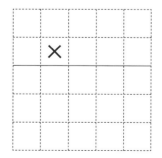

⑧ 917×68

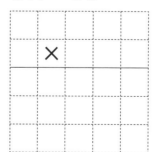

⑫ 872×49

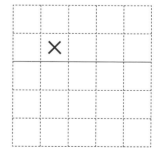

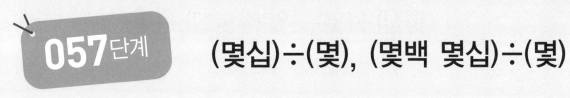

057단계 (몇십)÷(몇), (몇백 몇십)÷(몇)

● **결과 기록지**

① 1~5일차 학습에 걸린 시간을 각각 재서 그래프에 점을 찍습니다.
② 점과 점을 연결하여 기록의 변화를 확인합니다.
③ 오답 수를 세어 오답 수 칸에 씁니다.

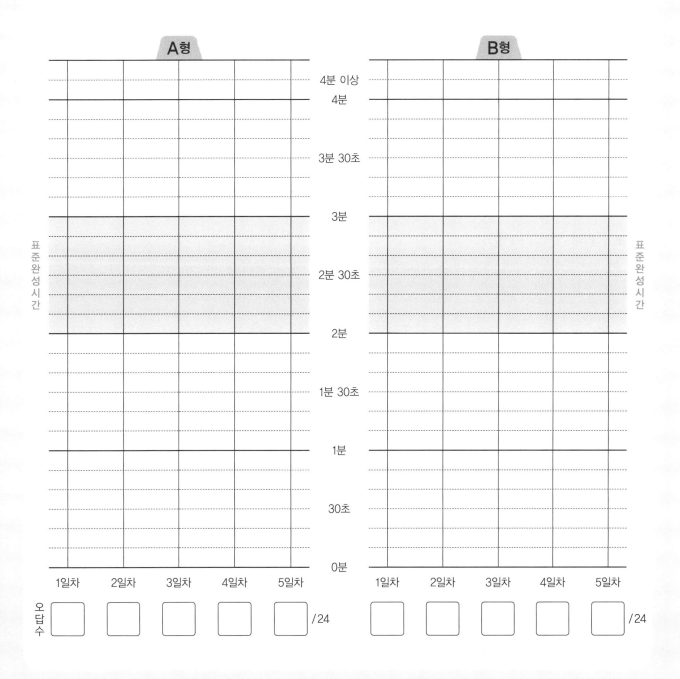

(몇십)÷(몇), (몇백 몇십)÷(몇)

● (몇십)÷(몇)

나누는 수가 같을 때 나뉠 수가 10배가 되면 몫도 10배가 됩니다.

$$6 \div 2 = 3 \quad \Rightarrow \quad 60 \div 2 = 30$$

(10배, 10배)

$$2 \overline{)6}^{\,3} \quad \Rightarrow \quad 2 \overline{)60}^{\,30}$$

보기

가로셈　　$40 \div 4 = 10$

세로셈　　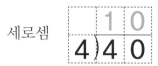

● (몇백 몇십)÷(몇)

나누는 수가 같을 때 나뉠 수가 10배가 되면 몫도 10배가 됩니다.

$$24 \div 4 = 6 \quad \Rightarrow \quad 240 \div 4 = 60$$

(10배, 10배)

$$4 \overline{)24}^{\,6} \quad \Rightarrow \quad 4 \overline{)240}^{\,60}$$

보기

가로셈　　$350 \div 5 = 70$

세로셈　　

(몇십)÷(몇), (몇백 몇십)÷(몇)

★ 나눗셈을 하시오.

① 20÷2 =

② 60÷3 =

③ 50÷5 =

④ 40÷2 =

⑤ 80÷8 =

⑥ 30÷1 =

⑦ 150÷5 =

⑧ 240÷4 =

⑨ 120÷4 =

⑩ 640÷8 =

⑪ 140÷2 =

⑫ 360÷6 =

⑬ 180÷9 =

⑭ 150÷3 =

⑮ 280÷7 =

⑯ 450÷5 =

⑰ 280÷4 =

⑱ 180÷6 =

⑲ 400÷8 =

⑳ 240÷3 =

㉑ 630÷7 =

㉒ 480÷6 =

㉓ 540÷9 =

㉔ 100÷5 =

★ 나눗셈을 하시오.

① 4)8 0

② 6)6 0

③ 1)5 0

④ 3)3 0

⑤ 9)9 0

⑥ 2)6 0

⑦ 7)2 1 0

⑧ 8)5 6 0

⑨ 5)3 0 0

⑩ 3)1 2 0

⑪ 7)4 9 0

⑫ 8)2 4 0

⑬ 2)1 8 0

⑭ 6)1 2 0

⑮ 4)2 0 0

⑯ 9)7 2 0

⑰ 4)1 6 0

⑱ 6)5 4 0

⑲ 9)8 1 0

⑳ 8)4 8 0

㉑ 5)4 0 0

㉒ 3)2 1 0

㉓ 9)3 6 0

㉔ 7)3 5 0

★ 나눗셈을 하시오.

① 90÷1 =

② 80÷2 =

③ 80÷8 =

④ 40÷4 =

⑤ 20÷2 =

⑥ 90÷3 =

⑦ 240÷6 =

⑧ 120÷2 =

⑨ 180÷3 =

⑩ 200÷5 =

⑪ 560÷7 =

⑫ 270÷9 =

⑬ 100÷2 =

⑭ 420÷6 =

⑮ 160÷8 =

⑯ 360÷4 =

⑰ 250÷5 =

⑱ 320÷8 =

⑲ 300÷6 =

⑳ 320÷4 =

㉑ 630÷9 =

㉒ 140÷7 =

㉓ 720÷8 =

㉔ 350÷5 =

•표준완성시간 : 2~3분

(몇십)÷(몇), (몇백 몇십)÷(몇)

★ 나눗셈을 하시오.

① 2)4 0

② 1)6 0

③ 4)8 0

④ 5)5 0

⑤ 3)9 0

⑥ 7)7 0

⑦ 3)2 1 0

⑧ 9)3 6 0

⑨ 7)4 2 0

⑩ 2)1 6 0

⑪ 9)4 5 0

⑫ 5)1 0 0

⑬ 8)5 6 0

⑭ 3)2 7 0

⑮ 6)1 8 0

⑯ 4)1 6 0

⑰ 5)1 5 0

⑱ 7)2 1 0

⑲ 3)1 5 0

⑳ 6)4 8 0

㉑ 9)8 1 0

㉒ 5)3 0 0

㉓ 4)2 8 0

㉔ 8)3 2 0

★ 나눗셈을 하시오.

① 80÷2 =

② 30÷3 =

③ 160÷2 =

④ 420÷7 =

⑤ 140÷7 =

⑥ 120÷3 =

⑦ 400÷5 =

⑧ 450÷9 =

⑨ 60÷3 =

⑩ 20÷1 =

⑪ 120÷4 =

⑫ 360÷6 =

⑬ 140÷2 =

⑭ 720÷8 =

⑮ 240÷4 =

⑯ 160÷8 =

⑰ 80÷8 =

⑱ 60÷2 =

⑲ 240÷6 =

⑳ 720÷9 =

㉑ 270÷3 =

㉒ 490÷7 =

㉓ 250÷5 =

㉔ 270÷9 =

★ 나눗셈을 하시오.

① 4)4 0

② 3)9 0

③ 7)6 3 0

④ 6)3 0 0

⑤ 4)3 6 0

⑥ 9)1 8 0

⑦ 2)1 0 0

⑧ 6)4 2 0

⑨ 1)8 0

⑩ 4)8 0

⑪ 8)2 4 0

⑫ 3)1 8 0

⑬ 5)2 0 0

⑭ 7)5 6 0

⑮ 9)5 4 0

⑯ 4)2 0 0

⑰ 6)6 0

⑱ 2)4 0

⑲ 8)6 4 0

⑳ 5)3 5 0

㉑ 2)1 8 0

㉒ 7)2 8 0

㉓ 6)1 2 0

㉔ 8)4 0 0

(몇십)÷(몇), (몇백 몇십)÷(몇)

★ 나눗셈을 하시오.

① 60÷2=

② 10÷1=

③ 210÷3=

④ 360÷6=

⑤ 150÷5=

⑥ 240÷3=

⑦ 480÷8=

⑧ 120÷6=

⑨ 80÷4=

⑩ 50÷5=

⑪ 450÷5=

⑫ 630÷9=

⑬ 160÷4=

⑭ 350÷7=

⑮ 320÷4=

⑯ 360÷9=

⑰ 90÷9=

⑱ 60÷3=

⑲ 490÷7=

⑳ 150÷3=

㉑ 240÷8=

㉒ 120÷2=

㉓ 100÷5=

㉔ 540÷6=

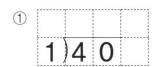

날짜	월	일
시간	분	초
오답 수		/ 24

(몇십)÷(몇), (몇백 몇십)÷(몇)

★ 나눗셈을 하시오.

① 1)4 0

② 2)8 0

③ 4)2 4 0

④ 8)5 6 0

⑤ 2)1 4 0

⑥ 8)7 2 0

⑦ 6)1 8 0

⑧ 4)3 2 0

⑨ 6)6 0

⑩ 3)9 0

⑪ 7)1 4 0

⑫ 3)1 2 0

⑬ 9)5 4 0

⑭ 5)2 5 0

⑮ 5)3 0 0

⑯ 9)4 5 0

⑰ 2)4 0

⑱ 7)7 0

⑲ 3)2 7 0

⑳ 2)1 0 0

㉑ 8)3 2 0

㉒ 6)4 2 0

㉓ 4)1 2 0

㉔ 7)5 6 0

 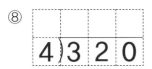
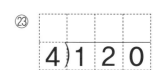

(몇십)÷(몇), (몇백 몇십)÷(몇)

● 표준완성시간 : 2~3분

날짜	월	일
시간	분	초
오답 수		/ 24

A형

★ 나눗셈을 하시오.

① 20÷2＝

② 200÷5＝

③ 240÷3＝

④ 400÷8＝

⑤ 90÷9＝

⑥ 420÷7＝

⑦ 200÷4＝

⑧ 180÷2＝

⑨ 60÷3＝

⑩ 240÷6＝

⑪ 400÷5＝

⑫ 180÷3＝

⑬ 60÷2＝

⑭ 630÷9＝

⑮ 300÷6＝

⑯ 280÷4＝

⑰ 80÷4＝

⑱ 630÷7＝

⑲ 160÷8＝

⑳ 270÷9＝

㉑ 70÷1＝

㉒ 120÷2＝

㉓ 480÷6＝

㉔ 280÷7＝

★ 나눗셈을 하시오.

① 2)80

② 9)720

③ 5)450

④ 7)350

⑤ 3)30

⑥ 9)810

⑦ 3)120

⑧ 5)350

⑨ 4)40

⑩ 8)480

⑪ 4)360

⑫ 6)120

⑬ 2)40

⑭ 2)160

⑮ 7)210

⑯ 9)180

⑰ 3)90

⑱ 6)540

⑲ 8)640

⑳ 3)210

㉑ 8)80

㉒ 2)100

㉓ 4)160

㉔ 5)200

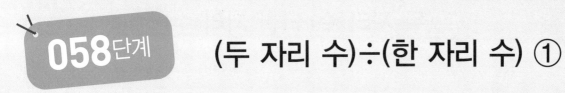

(두 자리 수)÷(한 자리 수) ①

058단계

● **결과 기록지**

① 1~5일차 학습에 걸린 시간을 각각 재서 그래프에 점을 찍습니다.
② 점과 점을 연결하여 기록의 변화를 확인합니다.
③ 오답 수를 세어 오답 수 칸에 씁니다.

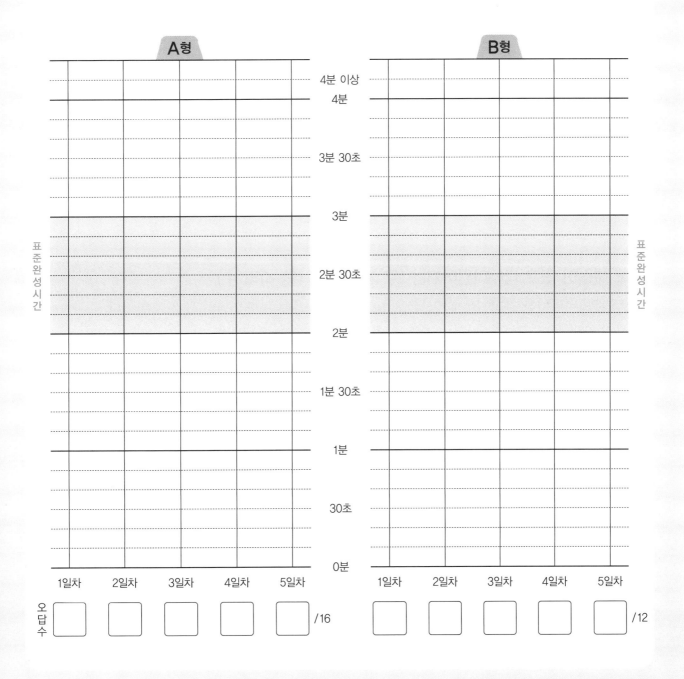

● **내림이 없고 나누어떨어지는 (두 자리 수)÷(한 자리 수)**

(두 자리 수)÷(한 자리 수)의 계산은 십의 자리부터 차례로 나눗셈의 몫을 구합니다.

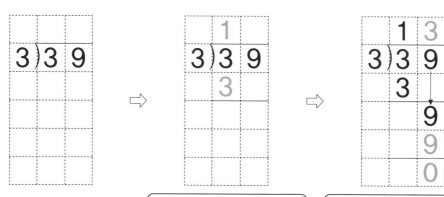

보기

십의 자리의 계산 :
3×1=3이므로 십의 자리
의 몫은 1이고 십의 자리
나머지는 없습니다.

일의 자리의 계산 :
3×3=9이므로 일의 자리
의 몫은 3이고 일의 자리
나머지는 없습니다.

● **내림이 있고 나누어떨어지는 (두 자리 수)÷(한 자리 수)**

(두 자리 수)÷(한 자리 수)의 계산은 십의 자리부터 차례로 나눗셈의 몫을 구합니다.
십의 자리 몫을 구하고, 남은 숫자는 일의 자리 숫자와 함께 계산합니다.

보기

십의 자리의 계산 :
2×2=4이므로 십의 자리
의 몫은 2이고 십의 자리
나머지는 5-4=1입니다.

일의 자리의 계산 :
2×5=10이므로 일의 자리
의 몫은 5이고 일의 자리
나머지는 없습니다.

1일차
(두 자리 수)÷(한 자리 수) ①

날짜	월	일
시간	분	초
오답 수	/	16

● 표준완성시간 : 2~3분

A형

★ 나눗셈을 하시오.

① 2)24

② 2)42

③ 2)68

④ 2)86

⑤ 3)33

⑥ 3)96

⑦ 4)88

⑧ 5)55

⑨ 2)30

⑩ 2)56

⑪ 2)72

⑫ 2)94

⑬ 3)48

⑭ 3)75

⑮ 4)56

⑯ 5)85

(두 자리 수)÷(한 자리 수) ①

★ 나눗셈을 하시오.

① 26÷2
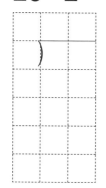

④ 63÷3

⑦ 34÷2
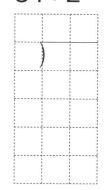

⑩ 54÷3

② 44÷2

⑤ 48÷4

⑧ 52÷2

⑪ 68÷4

③ 62÷2

⑥ 66÷6

⑨ 70÷2
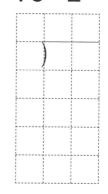

⑫ 96÷6

2일차

(두 자리 수)÷(한 자리 수) ①

● 표준완성시간 : 2~3분

날짜	월	일
시간	분	초
오답 수	/ 16

A형

★ 나눗셈을 하시오.

① 2)84

⑤ 3)66

⑨ 3)81

⑬ 6)84

② 4)44

⑥ 2)48

⑩ 2)36

⑭ 3)42

③ 2)22

⑦ 8)88

⑪ 4)52

⑮ 2)58

④ 3)39

⑧ 2)66

⑫ 2)92

⑯ 5)75

★ 나눗셈을 하시오.

① 93÷3

④ 46÷2

⑦ 72÷3

⑩ 65÷5

② 28÷2

⑤ 77÷7

⑧ 91÷7

⑪ 98÷2

③ 99÷9

⑥ 88÷2

⑨ 50÷2

⑫ 64÷4

★ 나눗셈을 하시오.

① 3)9 9

② 2)6 4

③ 4)8 4

④ 3)3 6

⑤ 2)7 4

⑥ 6)7 2

⑦ 3)5 7

⑧ 4)6 0

⑨ 2)8 2

⑩ 3)6 9

⑪ 2)2 6

⑫ 6)6 6

⑬ 2)9 6

⑭ 5)9 0

⑮ 3)7 8

⑯ 2)3 2

(두 자리 수)÷(한 자리 수) ①

★ 나눗셈을 하시오.

① 96÷3

④ 38÷2

⑦ 66÷2

⑩ 84÷3

② 88÷8

⑤ 60÷5

⑧ 39÷3

⑪ 76÷2

③ 42÷2

⑥ 92÷4

⑨ 88÷4

⑫ 90÷6

(두 자리 수)÷(한 자리 수) ①

★ 나눗셈을 하시오.

① 2)62

⑤ 3)45

⑨ 4)48

⑬ 4)72

② 3)66

⑥ 2)54

⑩ 2)88

⑭ 2)90

③ 7)77

⑦ 2)78

⑪ 2)46

⑮ 3)87

④ 2)28

⑧ 7)98

⑫ 3)33

⑯ 5)80

B형

날짜	월	일
시간	분	초
오답 수	/ 12	

(두 자리 수)÷(한 자리 수) ①

★ 나눗셈을 하시오.

① 55÷5

④ 70÷5

⑦ 69÷3

⑩ 51÷3

② 86÷2

⑤ 84÷7

⑧ 44÷4

⑪ 78÷6

③ 36÷3

⑥ 72÷2

⑨ 64÷2

⑫ 96÷4

(두 자리 수)÷(한 자리 수) ①

★ 나눗셈을 하시오.

① 3)6 3

② 5)9 5

③ 2)2 4

④ 3)8 1

⑤ 2)6 8

⑥ 6)9 0

⑦ 9)9 9

⑧ 2)5 2

⑨ 4)8 4

⑩ 2)7 6

⑪ 2)8 2

⑫ 4)6 8

⑬ 2)4 4

⑭ 7)9 1

⑮ 3)9 9

⑯ 3)4 2

● 표준완성시간 : 2~3분

날짜	월	일
시간	분	초
오답 수	/	12

(두 자리 수)÷(한 자리 수) ①

★ 나눗셈을 하시오.

① $48 \div 2$

④ $75 \div 3$

⑦ $93 \div 3$

⑩ $56 \div 2$

② $85 \div 5$

⑤ $22 \div 2$

⑧ $76 \div 4$

⑪ $77 \div 7$

③ $66 \div 3$

⑥ $84 \div 6$

⑨ $84 \div 2$

⑫ $96 \div 8$

059단계 (두 자리 수)÷(한 자리 수) ②

● **결과 기록지**

① 1~5일차 학습에 걸린 시간을 각각 재서 그래프에 점을 찍습니다.
② 점과 점을 연결하여 기록의 변화를 확인합니다.
③ 오답 수를 세어 오답 수 칸에 씁니다.

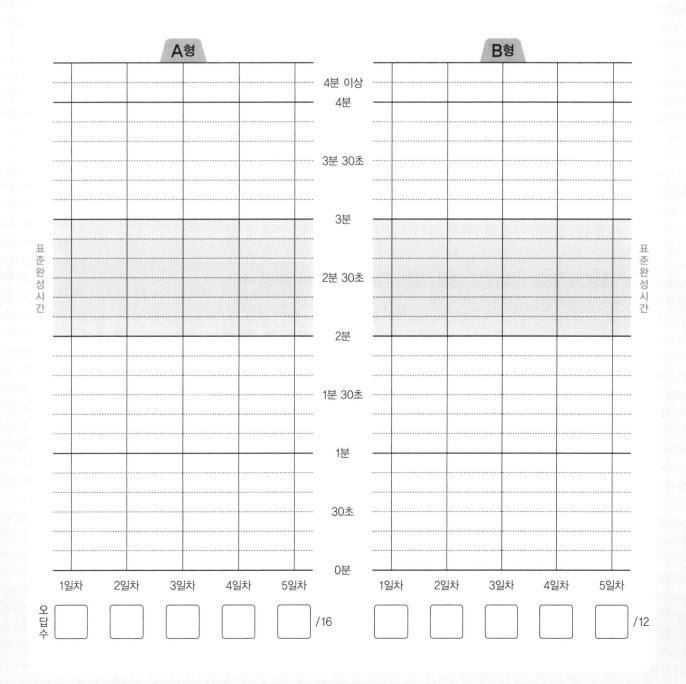

	A형						B형			
					4분 이상					
					4분					
					3분 30초					
					3분					
표준완성시간					2분 30초					표준완성시간
					2분					
					1분 30초					
					1분					
					30초					
					0분					
1일차	2일차	3일차	4일차	5일차		1일차	2일차	3일차	4일차	5일차

오답 수 ☐ ☐ ☐ ☐ ☐ /16   ☐ ☐ ☐ ☐ ☐ /12

(두 자리 수)÷(한 자리 수) ②

● **내림이 없고 나머지가 있는 (두 자리 수)÷(한 자리 수)**

(두 자리 수)÷(한 자리 수)의 계산은 십의 자리부터 차례로 나눗셈의 몫을 구합니다.

▶ 보기

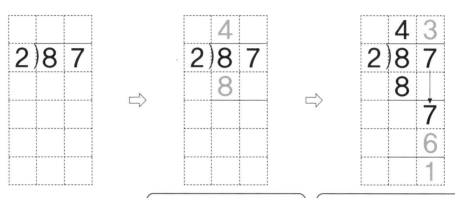

십의 자리의 계산 :
2×4=8이므로 십의 자리
의 몫은 4이고 십의 자리
나머지는 없습니다.

일의 자리의 계산 :
2×3=6이므로 일의 자리의
몫은 3이고 일의 자리 나머
지는 7-6=1입니다.

● **내림이 있고 나머지가 있는 (두 자리 수)÷(한 자리 수)**

(두 자리 수)÷(한 자리 수)의 계산은 십의 자리부터 차례로 나눗셈의 몫을 구합니다.
십의 자리 몫을 구하고, 남은 숫자는 일의 자리 숫자와 함께 계산합니다.

▶ 보기

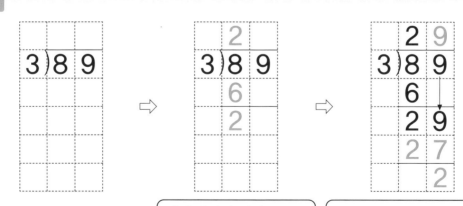

십의 자리의 계산 :
3×2=6이므로 십의 자리
의 몫은 2이고 십의 자리
나머지는 8-6=2입니다.

일의 자리의 계산 :
3×9=27이므로 일의 자리
의 몫은 9이고 일의 자리
나머지는 29-27=2입니다.

1일차 (두 자리 수)÷(한 자리 수) ②

★ 나눗셈을 하시오.

① 2)2 5

⑤ 4)8 2

⑨ 2)3 1

⑬ 5)7 1

② 2)6 3

⑥ 5)5 8

⑩ 3)5 6

⑭ 6)8 2

③ 3)3 2

⑦ 6)6 2

⑪ 4)9 0

⑮ 7)8 0

④ 3)6 7

⑧ 7)7 8

⑫ 5)6 3

⑯ 8)9 8

(두 자리 수)÷(한 자리 수) ②

★ 나눗셈을 하시오.

① 47÷2
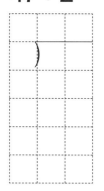

④ 95÷3

⑦ 77÷2

⑩ 82÷5
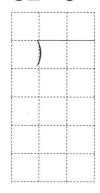

② 81÷2

⑤ 47÷4

⑧ 41÷3

⑪ 75÷6
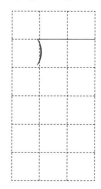

③ 37÷3

⑥ 84÷8

⑨ 63÷4

⑫ 99÷7

(두 자리 수)÷(한 자리 수) ②

★ 나눗셈을 하시오.

① 2)89

⑤ 9)95

⑨ 6)74

⑬ 4)70

② 4)43

⑥ 3)97

⑩ 2)55

⑭ 5)98

③ 3)34

⑦ 4)86

⑪ 8)92

⑮ 3)82

④ 8)86

⑧ 2)41

⑫ 4)53

⑯ 7)86

● 표준완성시간 : 2~3분

날짜	월 일
시간	분 초
오답 수	/ 12

(두 자리 수)÷(한 자리 수) ②

★ 나눗셈을 하시오.

① 62÷3

④ 69÷6

⑦ 61÷4

⑩ 85÷6

② 45÷4

⑤ 65÷2

⑧ 93÷7

⑪ 97÷2

③ 29÷2

⑥ 38÷3

⑨ 76÷3

⑫ 79÷5

(두 자리 수)÷(한 자리 수) ②

★ 나눗셈을 하시오.

① 3)9 1

② 5)5 2

③ 2)2 3

④ 7)7 9

⑤ 3)7 3

⑥ 7)9 2

⑦ 4)5 0

⑧ 6)9 8

⑨ 2)8 1

⑩ 3)6 5

⑪ 4)8 9

⑫ 9)9 7

⑬ 5)8 6

⑭ 2)7 5

⑮ 8)9 4

⑯ 3)4 7

(두 자리 수)÷(한 자리 수) ②

★ 나눗셈을 하시오.

① 49÷2

④ 67÷5

⑦ 87÷4

⑩ 77÷4

② 65÷6

⑤ 93÷6

⑧ 31÷3

⑪ 53÷3

③ 94÷3

⑥ 35÷2

⑨ 67÷2
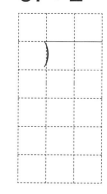

⑫ 82÷7

4일차   (두 자리 수)÷(한 자리 수) ②

★ 나눗셈을 하시오.

① 4) 4 6

② 3) 6 4

③ 8) 8 2

④ 2) 8 5

⑤ 5) 6 4

⑥ 2) 5 9

⑦ 8) 9 7

⑧ 3) 8 6

⑨ 6) 6 3

⑩ 2) 4 3

⑪ 3) 9 8

⑫ 5) 5 6

⑬ 2) 9 1

⑭ 7) 8 8

⑮ 4) 9 4

⑯ 6) 7 3

★ 나눗셈을 하시오.

① 92÷3

④ 73÷2

⑦ 69÷2

⑩ 72÷5
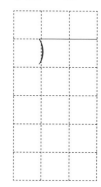

② 27÷2

⑤ 97÷7

⑧ 68÷6

⑪ 81÷6

③ 49÷4

⑥ 55÷4

⑨ 37÷3
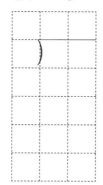

⑫ 43÷3

5일차

(두 자리 수)÷(한 자리 수) ②

● 표준완성시간 : 2~3분

날짜	월	일
시간	분	초
오답 수		/ 16

A형

★ 나눗셈을 하시오.

① 6)6 7

⑤ 7)7 5

⑨ 3)3 5

⑬ 2)8 3

② 6)8 6

⑥ 3)5 2

⑩ 8)9 3

⑭ 6)7 9

③ 2)4 5

⑦ 4)4 9

⑪ 3)6 1

⑮ 5)5 9

④ 5)7 8

⑧ 7)9 0

⑫ 2)5 1

⑯ 4)6 6

(두 자리 수)÷(한 자리 수) ②

★ 나눗셈을 하시오.

① 87÷2

④ 39÷2

⑦ 93÷9

⑩ 71÷4

② 88÷5

⑤ 68÷3

⑧ 74÷3

⑪ 85÷4

③ 57÷5

⑥ 94÷6

⑨ 89÷8

⑫ 83÷7

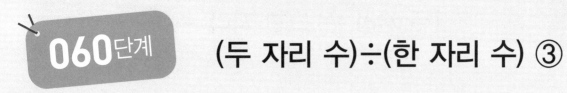

(두 자리 수)÷(한 자리 수) ③

060단계

● **결과 기록지**

① 1~5일차 학습에 걸린 시간을 각각 재서 그래프에 점을 찍습니다.

② 점과 점을 연결하여 기록의 변화를 확인합니다.

③ 오답 수를 세어 오답 수 칸에 씁니다.

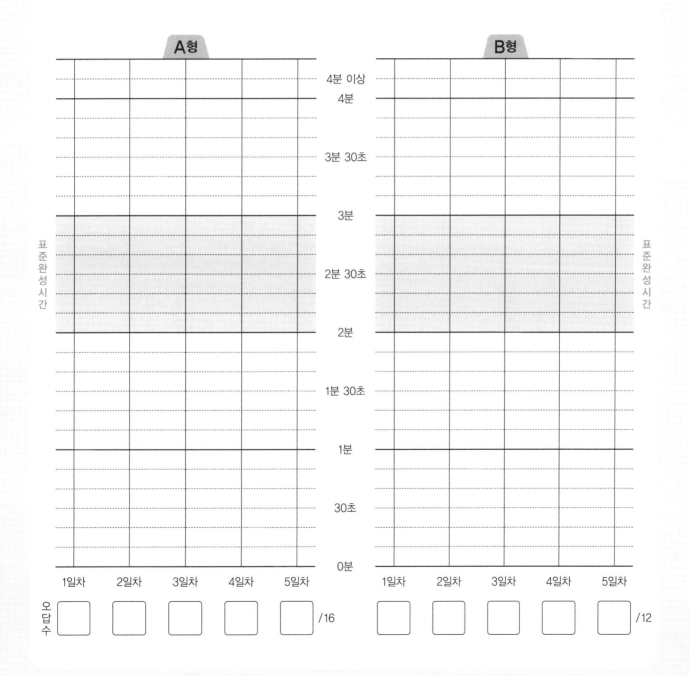

(두 자리 수)÷(한 자리 수) ③

● (두 자리 수)÷(한 자리 수)

(두 자리 수)÷(한 자리 수)의 계산은 십의 자리부터 차례로 나눗셈의 몫을 구합니다.
십의 자리 몫을 구하고, 남은 숫자가 있으면 일의 자리 숫자와 함께 계산합니다.

내림이 없고 나누어떨어지는 나눗셈의 예

```
      1 2
  4 ) 4 8
      4
        8
        8
        0
```

내림이 있고 나누어떨어지는 나눗셈의 예

```
      2 6
  3 ) 7 8
      6
      1 8
      1 8
        0
```

내림이 없고 나머지가 있는 나눗셈의 예

```
      3 1
  2 ) 6 3
      6
        3
        2
        1
```

일의 자리까지 구한 몫
이 31이고, 남은 수가 1
입니다. 1은 나누는 수
2보다 작으므로 나머지
가 됩니다.

내림이 있고 나머지가 있는 나눗셈의 예

```
      1 4
  5 ) 7 4
      5
      2 4
      2 0
        4
```

일의 자리까지 구한 몫
이 14이고, 남은 수가 4
입니다. 4는 나누는 수
5보다 작으므로 나머지
가 됩니다.

1일차 (두 자리 수)÷(한 자리 수) ③

★ 나눗셈을 하시오.

① 6)68

⑤ 4)51

⑨ 3)87

⑬ 7)94

② 5)76

⑥ 2)64

⑩ 4)42

⑭ 5)70

③ 4)52

⑦ 3)79

⑪ 2)33

⑮ 4)98

④ 3)85

⑧ 9)96

⑫ 6)88

⑯ 2)49

● 표준완성시간 : 2~3분

날짜	월	일
시간	분	초
오답 수	/ 12	

(두 자리 수)÷(한 자리 수) ③

★ 나눗셈을 하시오.

① 90÷2

④ 78÷4

⑦ 89÷5

⑩ 58÷5

② 65÷4

⑤ 38÷3

⑧ 84÷4

⑪ 93÷2

③ 73÷7

⑥ 97÷6

⑨ 55÷3

⑫ 78÷6

(두 자리 수)÷(한 자리 수) ③

★ 나눗셈을 하시오.

① $3\overline{)59}$

② $2\overline{)78}$

③ $5\overline{)93}$

④ $3\overline{)65}$

⑤ $7\overline{)84}$

⑥ $4\overline{)75}$

⑦ $8\overline{)89}$

⑧ $2\overline{)37}$

⑨ $8\overline{)90}$

⑩ $5\overline{)54}$

⑪ $3\overline{)33}$

⑫ $7\overline{)87}$

⑬ $2\overline{)85}$

⑭ $5\overline{)62}$

⑮ $2\overline{)51}$

⑯ $4\overline{)92}$

★ 나눗셈을 하시오.

① 84÷5

④ 64÷6

⑦ 95÷8

⑩ 48÷3

② 89÷4

⑤ 95÷5

⑧ 79÷2

⑪ 67÷4

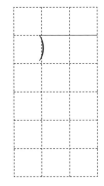

③ 26÷2

⑥ 44÷3

⑨ 94÷3

⑫ 70÷6

● 표준완성시간 : 2~3분

날짜	월	일
시간	분	초
오답 수		/ 16

A형

★ 나눗셈을 하시오.

① 2)65

⑤ 5)68

⑨ 2)57

⑬ 2)82

② 3)40

⑥ 2)54

⑩ 4)83

⑭ 6)77

③ 7)85

⑦ 7)78

⑪ 3)54

⑮ 5)57

④ 6)96

⑧ 3)83

⑫ 5)92

⑯ 4)58

(두 자리 수)÷(한 자리 수) ③

★ 나눗셈을 하시오.

① 35÷3

④ 55÷5

⑦ 71÷2

⑩ 69÷4

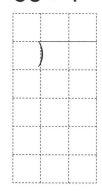

② 72÷4

⑤ 45÷2

⑧ 91÷7

⑪ 87÷6

③ 96÷7

⑥ 67÷6

⑨ 77÷5

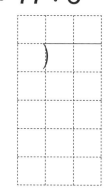

⑫ 50÷3

4일차

(두 자리 수)÷(한 자리 수) ③

● 표준완성시간 : 2~3분

날짜	월 일
시간	분 초
오답 수	/ 16

A형

★ 나눗셈을 하시오.

① 4)6 2

⑤ 2)2 9

⑨ 3)7 1

⑬ 2)9 5

② 8)8 8

⑥ 4)5 4

⑩ 5)7 3

⑭ 3)7 2

③ 3)9 5

⑦ 5)6 5

⑪ 2)3 4

⑮ 4)8 6

④ 2)5 3

⑧ 6)9 2

⑫ 8)8 5

⑯ 5)8 1

● 표준완성시간 : 2~3분

날짜	월	일
시간	분	초
오답 수	/	12

(두 자리 수)÷(한 자리 수) ③

★ 나눗셈을 하시오.

① 49÷4

④ 67÷3

⑦ 92÷9

⑩ 74÷4

② 69÷5

⑤ 60÷4

⑧ 35÷2

⑪ 69÷3

③ 74÷2

⑥ 81÷7

⑨ 70÷3

⑫ 99÷8

★ 나눗셈을 하시오.

① 5)8 0

⑤ 2)7 3

⑨ 5)9 4

⑬ 7)7 9

② 2)3 1

⑥ 5)5 3

⑩ 4)5 6

⑭ 4)9 5

③ 6)7 6

⑦ 3)9 6

⑪ 3)8 0

⑮ 2)5 8

④ 4)4 7

⑧ 4)5 7

⑫ 2)6 9

⑯ 3)4 6

B형

날짜	월	일
시간	분	초
오답 수	/ 12	

(두 자리 수)÷(한 자리 수) ③

★ 나눗셈을 하시오.

① 84÷3

④ 55÷2

⑦ 62÷3

⑩ 89÷2

② 66÷5

⑤ 89÷7

⑧ 96÷8

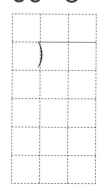

⑪ 91÷8

③ 69÷6

⑥ 48÷2

⑨ 83÷6

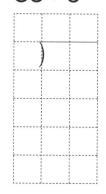

⑫ 73÷4

종료테스트

20문항 / 표준완성시간 2~3분

실시 방법

❶ 먼저, 이름, 실시 연월일을 씁니다.

❷ 스톱워치를 켜서 시간을 정확히 재면서 문제를 풀고, 문제를 다 푸는 데 걸린 시간을 씁니다.

❸ 가능하면 표준완성시간 내에 풉니다.

❹ 다 풀고 난 후 채점을 하고, 오답 수를 기록합니다.

❺ 마지막 장에 있는 종료테스트 학습능력평가표에 V표시를 하면서 학생의 전반적인 학습 상태를 점검합니다.

이름			
실시 연월일	년	월	일
걸린 시간	분		초
오답 수		/	20

★ 계산을 하시오.

① 231×3＝

② 483×2＝

③ 724×4＝

④ 365×6＝

⑤ 80×60＝

⑥ 50×19＝

⑦ 25×27＝

⑧ 48×56＝

⑨ 70×400＝

⑩ 309×30＝

⑪ $146 \times 48 =$

⑫ $524 \times 69 =$

⑬ $80 \div 2 =$

⑭ $420 \div 7 =$

⑮ $63 \div 3 =$

⑯ $75 \div 5 =$

⑰ $96 \div 4 =$

⑱ $83 \div 2 =$

⑲ $71 \div 6 =$

⑳ $58 \div 3 =$

》》 6권 종료테스트 정답

① 693	② 966	③ 2896	④ 2190
⑤ 4800	⑥ 950	⑦ 675	⑧ 2688
⑨ 28000	⑩ 9270	⑪ 7008	⑫ 36156
⑬ 40	⑭ 60	⑮ 21	⑯ 15
⑰ 24	⑱ 41…1	⑲ 11…5	⑳ 19…1

》》 종료테스트 학습능력평가표

6권은?

학습 방법	☐ 매일매일	☐ 가끔	☐ 한꺼번에	─하였습니다.
학습 태도	☐ 스스로 잘	☐ 시켜서 억지로		─하였습니다.
학습 흥미	☐ 재미있게	☐ 싫증내며		─하였습니다.
교재 내용	☐ 적합하다고	☐ 어렵다고	☐ 쉽다고	─하였습니다.

평가 기준

평가	☐ A등급(매우 잘함)	☐ B등급(잘함)	☐ C등급(보통)	☐ D등급(부족함)
오답 수	0~2	3~4	5~6	7~

• A, B등급 : 다음 교재를 바로 시작하세요.
• C등급 : 틀린 부분을 다시 한번 더 공부한 후, 다음 교재를 시작하세요.
• D등급 : 본 교재를 다시 복습한 후, 다음 교재를 시작하세요.